ulmer

Yvonne und Wilhelm Bauer

# HÜHNER, ENTEN, GÄNSE

## im Garten halten

# Inhalt

# Hühner, Enten und Gänse ...

... sind tolles Geflügel. Von ganz klein bis – für einen Vogel – riesig groß decken sie die ganze Bandbreite des sogenannten Nutzgeflügels ab. Geflügel ist ungeheuer anpassungsfähig, hat je nach Geflügelart aber auch seine besonderen Anforderungen und Bedürfnisse.

Hühner, Gänse und Enten bieten Ihnen sehr viel: Neben Entspannung und Erholung beim Beobachten und der Freude, wenn die Tiere Ihnen vertrauen und es ihnen sichtlich gut geht, bringen sie Ihnen auch handfesten Nutzen: Eier und – wer das möchte – auch das Fleisch, für Gärtner spielt vielleicht auch die Extraportion Mist eine Rolle. Geflügel ist ideal, wenn der Wunsch nach einem gewissen Grad an Selbstversorgung besteht.

Immer mehr Menschen entdecken Geflügel für sich – hoffentlich auch Sie. Dieses Buch soll Ihnen einen Überblick geben und helfen zu erkennen, ob Geflügel für Sie die richtige Wahl ist. Dabei wurde der Schwerpunkt bewusst auf kleine Gruppen mit wenigen Tieren gelegt, wie sie wahrscheinlich für die meisten von Ihnen infrage kommen. Wichtiges Basiswissen steht dabei im Vordergrund.

Wir möchten Sie ermutigen, sich auf Geflügel einzulassen. Hühnerhaltung hat in den letzten Jahren einen Boom erlebt, worüber wir uns sehr freuen. Aber es müssen nicht immer Hühner sein! Ziehen Sie auch andere Geflügelarten – Enten, Gänse, vielleicht auch Puten – ins Kalkül. Dennoch sollte man bei allen Gemeinsamkeiten nicht vergessen: Es sind alles Individuen mit eigenen Ansprüchen, die es zu erfüllen gilt – denen man aber mit etwas Geschick und Planung auch im heimischen Garten gerecht werden kann.

Machen Sie es wie unsere Familie: Genießen Sie jeden Tag mit Ihrem Geflügel.

Yvonne Bauer Michael Bauer

# Was ist Geflügel eigentlich?

Was versteht man unter dem Begriff „Geflügel“? Hühner? Ja! Aber auch noch viel mehr. Nämlich Enten, Gänse, Puten, Fasane, Wachteln, Perlhühner und Tauben. Alle diese Geflügelarten werden schon seit ewigen Zeiten als sogenanntes Nutzgeflügel von Menschen gehalten – allen voran Hühner, Enten und Gänse.

Verschiedenes Geflügel – egal, ob Rassetiere, Hybriden oder rasselose Kreuzungen – macht viel Freude.

Gerade in früheren Zeiten war Geflügel in seiner Vielfältigkeit fast überall anzutreffen und die absolute Nummer eins, wenn es darum ging, die Selbstversorgung mit hochwertigen Nahrungsmitteln – Eier und Fleisch – zu sichern. Noch heute wird ein Großteil des Geflügels genau aus diesem Grund gehalten, am häufigsten Hühner und Zwerghühner. Daneben auch Enten und Gänse, seltener Puten. Enten und Gänse werden üblicherweise als Wassergeflügel bezeichnet. Puten hingegen zählt man mit den Perlhühnern zum Großgeflügel. Das ist gerade bei Perlhühnern verwunderlich, da sie in der Größe vielen Hühnern unterlegen sind.

Fasane, Wachteln, Perlhühner und Tauben haben eigentlich schon immer einen gewissen Sonderstatus gehabt. Fasane sind jagdbares Wild und deshalb in Deutschland so gut wie nicht als landwirtschaftliches Nutztier üblich. Auch die Wachtel- und Perlhuhnhaltung haben keine große Tradition. Das gleiche gilt für Tauben, auch wenn es weltweit kein anderes Land gibt, in dem mehr Taubenrassen entstanden sind. In Frankreich hingegen sieht es ganz anders aus. Dort haben Fasane, Wachteln, Perlhühner und nicht zuletzt Tauben den Ruf der Feinschmeckerküche nachhaltig geprägt und gelten bis heute als Krone der Haute Cuisine. Landläufig wird bei diesen Arten auch von Spezialgeflügel gesprochen.

Hühner, Gänse, Enten und Puten hingegen sind heute noch fast überall zu finden. Oder sollte man sagen: wieder zu finden?

# Ein Nutztier auf dem Weg nach oben

Die verschiedensten Geflügelarten begleiten uns Menschen schon sehr lange und beleben unser direktes Lebensumfeld. Aber weshalb wollen wir heute gerade Geflügel halten? Wie wäre es mit Schafen, Ziegen, Rindern, Pferden, Schweinen ...?

Zugegeben, Ziege, Kuh und Co. sind alles interessante Haustiere und von ihren Haltern hochgeschätzt. Dass sich dennoch immer mehr Menschen gerade für Geflügel entscheiden, muss also seine Gründe haben.

Zum einen ist es relativ einfach zu halten und die Verpflegung vergleichsweise kostengünstig. Außerdem schenkt Geflügel, allen voran natürlich das Huhn, dem Menschen ein gesundes Lebensmittel – und bleibt dabei am Leben! Viele kommen gar nicht auf den Gedanken, Schwein oder Rind als Nutztiere zu halten, denn es ist für sehr viele Menschen heutzutage undenkbar, ein Tier, das sie selber gehalten haben, zur Lebensmittelerzeugung zu schlachten. Ein weiterer sehr wichtiger und einleuchtender Aspekt: Für die ganzen ungefiederten landwirtschaftlichen Nutztiere haben die wenigsten Menschen den entsprechenden Platz. Vielleicht besetzt das Geflügel also nur eine Nische? In früheren Zeiten war das auf jeden Fall so.

## Im Rückblick

Um Geflügel wurde mindestens bis in die Dreißigerjahre des 20. Jahrhunderts, also bis vor weniger als 100 Jahren, nicht viel Aufsehen gemacht. Geflügelhaltung war das Normalste der Welt! Im Grunde gab es früher kaum ein Haus, zu dem nicht wenigstens ein paar Hühner gehörten. Sie mussten sich einen Großteil des Futters selbst suchen und mit dem zurechtkommen, was sie im Hof fanden und was die Schweine ihnen übrig gelassen haben beziehungsweise was sie schnell genug fressen konnten. Das klassische Bild eines Bauernhofs mit verschiedenen Arten an Geflügel, die sich um den Misthaufen scharen, kennen Sie bestimmt. Und genauso war es! Es wurde keine Idylle kreiert, sondern so war die tägliche Realität. Das Geflügel wurde mehr oder weniger sich selbst überlassen (daran kann man ablesen, wie gering das Geflügel geachtet wurde), die Betreuung oblag den Kindern oder der Bäuerin.

In den Jahrzehnten nach dem Zweiten Weltkrieg war Geflügel überall zu finden. In vielen Siedlungsbieten war es sogar Pflicht, Geflügel zur Selbstversorgung zu halten. Es war Nutztier erster Güte und sicherte das Überleben der Familien. Noch heute zeugen davon Ställe in den Gärten – auch wenn viele in der Zwischenzeit zu Garagen oder Schuppen umfunktioniert wurden.

Ab den Achtzigerjahren ging es dann rasant bergab: Die Geflügelställe verwaisten und die private Geflügelhaltung trat immer mehr in den Hintergrund. Schließlich hat die Umstrukturierung der bäuerlichen Landwirtschaft zur industriellen Tierhaltung dazu geführt, dass Eier und Fleisch zu einem deutlich geringeren Preis und anscheinend auch in besserer Qualität angeboten wurden. Man hatte fast den Eindruck, als könnte es nicht billig genug sein, und die Produzenten haben sich im Preiskampf regelmäßig unterboten.

Danach war es lange Zeit geradezu verpönt, sich mit Geflügel abzugeben. Es hatte ein negatives Image und ihre Liebhaber wurden oft als Ewiggestrige angesehen. Ihnen hing der Mief der Kleinbäuerlichkeit und Spießigkeit an. Heute weiß man, dass sie ihrer Zeit eigentlich voraus waren. Sie haben sich der Tendenz nach einer immer größer werdenden Entfremdung von der Natur lediglich entzogen. Sie waren es auch, die viel Wissen rund ums Geflügel bewahrt haben – in der breiten Masse waren durch die Abkehr von der kleinbäuerlichen Haltung viele Kenntnisse verloren gegangen.

So ein Idyll ist der Traum vieler. Doch braucht es einiges an Grundwissen und viel Platz, um ihn wahr werden zu lassen.

## Ein Imagewandel

Heute wissen wir vieles besser. Billig, billiger, am billigsten – das ging (und geht teils auch heute noch) auf Kosten der Qualität bei Eiern und Fleisch und am schlimmsten: auf Kosten der Tiere. Zahlreiche Reportagen und Berichte haben diese Sachverhalte mittlerweile aufs öffentliche Tapet gebracht und damit ins Bewusstsein vieler. Wahrscheinlich war das auch die Initialzündung, dass die Geflügelhaltung eine Renaissance erlebte.

Die Gründe, sich heute mit Geflügel zu befassen, liegen nicht nur beim reinen Nutzgedanken, sondern sind wesentlich umfangreicher. Natürlich gibt es noch immer eine große Anzahl an Menschen, die Geflügelhaltung betreiben, um sich und ihre Familie mit wirklich hochwertigem Fleisch und Eiern zu versorgen – bei gleichzeitig voller Kontrolle über die Haltungsbedingungen der Tiere.

Viele nennen eine andere Motivation, wenn sie nach dem Grund ihrer Geflügelhaltung gefragt werden: die Freude am Federvieh. Sie können beim Umgang mit den Tieren entspannen und entschleunigen, erleben Befriedigung beim Kümmern und Sorgen für ein Lebewesen, können arttypisches Verhalten beobachten. Dass es außerdem einen handfesten Nutzen gibt, ist da nur das Sahnehäubchen.

Hühner, wie dieses Seidenhuhn, sind längst nicht mehr „nur“ Nutztiere, sondern für viele geliebte Haustiere.

Nutztiere werden zu Haustieren! Und dieser Trend hält an: Keine andere Beschäftigung mit Tieren erlebt derzeit eine solche Wiederbelebung wie die Geflügelhaltung.

## Landwirtschaft versus Hobbyhaltung

Vieles, was heute in landwirtschaftlichen Betrieben mit mehreren Tausend Tieren gang und gäbe ist, passt so gar nicht zu einer kleinen Geflügelhaltung zu Hause. Es lässt sich nicht eins zu eins übertragen. Die Voraussetzungen und vor allem die persönlichen Ansprüche an die Tierhaltung und ans Tierwohl sind grundverschieden. Genau genommen liegen Welten dazwischen. Besonders gut kann man das am Beispiel der Hühner erklären. Es gilt aber für Enten und Gänse gleichermaßen.

Rhodeländer – hier Zwerg-Rhodeländer – waren in der Mitte des letzten Jahrhunderts Nutzhühner ersten Ranges, ehe sie von Hybridhühnern verdrängt wurden.

Es fängt schon beim Begriff „Hühnerrasse“ an: Im Umfeld landwirtschaftlicher Großbetriebe wird dieser Begriff im Grunde vollkommen falsch verwendet. In der landwirtschaftlichen Hühnerhaltung werden heute ausschließlich sogenannte Hybridhühner gehalten. Sie gibt es in Weiß, Braun, Schwarz und neuerdings auch in anderen Gefiederfarben – Hühnerrassen im eigentlichen Sinne sind es deswegen noch lange nicht.

Die Züchtung von Hybridhühnern hat nur ein Ziel: den größtmöglichen Nutzen für den Menschen. Allerdings betrifft das immer nur eine Seite der zwei großen Nutzungsschwerpunkte: also entweder eine möglichst hohe Leistung beim Eierlegen (Legelinien) oder ein gigantisches Fleischwachstum innerhalb kürzester Zeit (Mastlinien). Die Tiere sind so hochgezüchtet, dass sie eine vernünftige Leistung in beiden Bereichen nicht bieten können. Das ganze System ist so pervertiert, dass häufig sämtliche männliche Küken der Legelinien gleich nach dem Schlüpfen vergast werden, da sie unrentabel sind. Allein schon der Begriff „unrentabel“ treibt jedem Tierliebhaber das Schaudern über den Rücken. Anders – und das muss der Ehrlichkeit halber gesagt werden – lassen sich die niedrigen Discountpreise, die von den meisten Verbrauchern gewünscht sind, leider auch nicht realisieren.

Glücklicherweise findet hier aber ein Umdenken statt, sodass man vielerorts versucht, die männlichen Tiere mit aufzuziehen und zu mästen. Sie werden dann als sogenannte „Bruderhähne“ – es sind ja auch die Brüder der Legehennen – vermarktet. Allerdings unterscheidet sich ihr Fleisch sowohl hinsichtlich der Menge als auch der Qualität deutlich von den üblichen Masthybriden. Inwieweit der züchterische Versuch von „Zweinutzungshybriden“ auf Dauer von Erfolg gekrönt sein wird, lässt sich noch nicht abschätzen; er hängt entscheidend vom Kaufverhalten der Verbraucher ab.

Die Alternative zur Aufzucht der männlichen Tiere aus Legelinien ist die Geschlechtsbestimmung im Ei und das Beenden der Brut der „männlichen Eier“. Leider ist dieses Verfahren noch nicht in der industriellen Massennutzung verfügbar, sodass es dort nicht angewendet wird. Eventuell wird das ein gangbarer Weg für die Zukunft, wobei aber schon heute Diskussionen von Tierschutzorganisationen angeregt werden, ab wann ein Embryo als Lebewesen angesehen wird und ob ein Abbruch des Bebrütens ethisch vertretbar ist.

**Was sind Hybridhühner?**

Die Elterntiere der Hybridhühner, durch Inzucht auf Höchstleistung getrimmt, werden von weltweit agierenden Agrarkonzernen gehalten und streng bewacht. Sie bekommt keiner zu Gesicht, erst deren Nachkommen sind die „Endprodukte“, die als Bruteier, Küken oder Jungtiere verkauft werden.

In der Hybridhühnerzucht wird der sogenannte Heterosiseffekt genutzt. Das bedeutet, dass aus zwei Inzuchtlinien Jungtiere gezüchtet werden, die ihre Eltern in den Leistungseigenschaften deutlich überragen.

## Hybrid- oder Rassetiere für Zuhause?

Die große Begeisterung für die Hobbygeflügelhaltung der letzten Jahre ist auch der Geflügelindustrie nicht verborgen geblieben. Und da man gern auch in diesem Bereich wirtschaftlich mitmischen wollte, wurden neben den vormals gängigen Hybridlinien mit einfarbig weißem, braunem oder schwarzem Gefieder auch „bunte“ Hybridhühner erzüchtet. Sie werden seither unter wohlklingenden Namen wie „Königsberger“ oder auch „Sussex“ und „Italiener“ verkauft. Und hier liegt das Problem beziehungsweise der Stolperstein für Hühnerhalter-Neulinge: Sie halten diese Sussex oder Italiener für Rassehühner, da es eben auch Rassehühner diesen Namens gibt. Trotz gleichen Namens im Verkauf sind es in diesem Fall aber Hybrid- und keine Rassehühner! Beide haben auch nicht viel gemeinsam. Gerade Menschen, die zu Hause Rassehühner halten wollen, fallen leider immer wieder darauf rein, wenn sie von den Hühnerwägen, die die ländlichen Gebiete abklappern, vermeintliche Italiener, Grünleger und Königsberger kaufen. Um sicherzugehen, kann sich der Hühnerhalter in spe an Kleintierzuchtvereine oder direkt an regionale Geflügelzüchter wenden, die selber Nachwuchs ausbrüten und aufwachsen lassen.

Was steckt aber nun hinter dem Begriff Hühnerrasse beziehungsweise Rassehuhn? Um das zu beantworten, müssen wir etwas in die Geschichte eintauchen. Bis ins 19. Jahrhundert hinein wurde Geflügel mehr oder weniger ohne große Strukturierung oder Aufsicht gehalten. Ihre Besitzer haben die Hühner behalten, die ihnen besonders gut gefallen haben und die vor allem ihren Ansprüchen genügten. Das konnte eine gute Legeleistung, ein ausgeprägtes Brutverhalten, ein emsiges selbstständiges Futtersuchen, ein eher flüchtiges Wesen, um dem Fuchs ein Schnippchen zu schlagen, eine besonders gute Anpassung an ein

Thüringer Barthühner, chamois-weißgetupft, sind besonders hübsche Hühner und haben nur in der Hobbyhaltung eine Überlebenschance. Ihr Nutzen genügt der landwirtschaftlichen Geflügelhaltung nicht.

raues Klima, ein guter Fleischansatz oder ein besonders hübsches Aussehen sein. Je nach Region konnten die Vorlieben verschieden sein und so entwickelten sich sogenannte Landhühner, auch Landschläge genannt.

Hühnerrassen nach unserem heutigen Verständnis kamen erst in der Mitte des 19. Jahrhunderts auf, und zwar als sich 1852 in Görlitz die erste Züchtervereinigung gründete, der sogenannte Hühnerologische Verein. Ausgehend von ersten aus Asien importierten Hühnerrassen – Brahma und Cochin, die sensationellerweise sogar im Winter Eier legten und die deutlich größer und schwerer waren als alles, was man bisher in Deutschland gesehen hatte – entwickelte sich eine Rassegeflügelzucht nach festgelegten Standards. Die Landschläge wurden zusammengefasst und Rassen daraus erzüchtet. Weitere Rassen wurden aus Großbritannien importiert und bald fanden sich in ganz Deutschland begeisterte Liebhaber der verschiedensten Hühnerrassen. Das hat für Sie den Vorteil, dass Sie heute aus mehr als 100 verschiedenen Hühnerrassen die für Sie passende aussuchen können. Dazu kommen bei den meisten Rassen auch noch verschiedene Farbenschläge, wie die unterschiedlichen Gefiederfärbungen in der Fachsprache genannt werden.

Rassehühner können es von der Leistung her nicht mit Hybridhühnern aufnehmen! Weder die Legeleistung noch die Fleischmenge sind vergleichbar. Dagegen legen Rassehühner mehrere Jahre hinweg recht ordentlich – Hybridhühner sind nur in ihrem ersten Lebensjahr, maximal eineinhalb Jahre lang, zur Höchstleistung imstande. Danach lässt ihre Legeleistung merklich nach und die Industrie entledigt sich ihrer schnell. Von der Fleischqualität her (nicht von der Masse wohlgemerkt!) spielen Rassehühner – je nach Rasse – in einer ganz anderen Liga. Man denke nur an Deutsche Lachshühner, Sundheimer oder auch Sussex. Das Fleisch ist fester und viel weniger wässrig, als man es von Masthybriden her kennt.

Äußerst spezialisierte Rassen, die wie Hybriden Meister im Eierlegen oder im Fleischansatz sind, findet man ganz wenige. Dagegen gibt es umso mehr sogenannte Zweinutzungshühner (Zwiehühner), bei denen sowohl die Legeleistung als auch die Fleischmenge gleichzeitig vorzeigbar sind.

Übrigens: Nicht nur bei den Hühnern gibt es Rasse- und Hybridtiere. Auch bei Enten und Gänsen hat die industrielle Landwirtschaft stark einseitige Nutzungslinien hervorgebracht. Hier liegt das Augenmerk fast ausschließlich auf einer hohen Fleischleistung, da Enten- und Gänseeier bei uns so gut wie keine Rolle spielen.

### Die Einteilung von Hühnerrassen

- **Zweinutzungsrassen:** Klassische Vertreter sind Welsumer, Barnevelder, Deutsche Wyandotten, Sussex, Rhodeländer usw.
- **Legerassen:** Eine größere Neigung in Richtung Legeleistung haben Italiener, Amerikanische Leghorn, Deutsche Sperber, Vorwerkhühner, Hamburger usw.
- **Fleischrassen:** Zu einem erhöhten Fleischansatz tendieren Deutsche Lachshühner, Mechelner, Orpington usw.
- **Zierrassen:** Dazu gehören Sultanhühner, Holländer Haubenhühner, Seidenhühner usw. Natürlich legen auch sie Eier und bieten Fleisch, aber der züchterische Schwerpunkt liegt auf dem Aussehen.

## Und was ist mit Zwerghühnern? Oder Zwergenten?

Mit Ausnahme ganz weniger gibt es zu fast jeder Hühnerrasse eine zwergige Entsprechung, also Zwerghühner. Sie sind ideal für eher beengte Platzverhältnisse – dies war nämlich der Ansporn in der Erzüchtung von Zwerghühnern. Man wollte jedem ermöglichen, ein paar Hühner zu halten, um sich selbst mit Eiern zu versorgen. Ihren Ursprung nahmen sie in England, ehe sie auf den Kontinent überschwappten.

Viele Zwerghuhnrassen können es in der Legeleistung, das heißt in der Anzahl der Eier, problemlos mit großen Hühnern aufnehmen. Und selbst bei der Größe der Eier brauchen sich einige nicht vor ihren großen Pendants zu verstecken.

Die Eingruppierung verläuft dabei analog zu den großen Hühnerrassen: Zwerg-Italiener punkten wie die großen Italiener mit einer größeren Legeleistung, Zwerg-Orpington mit einer stärkeren Betonung auf der Fleischmenge und Deutsche Zwerg-Wyandotten sind klassische Zweinutzungshühner (mehr dazu im Kasten oben). Die ganz Kleinen wie Chabo, Sebright oder Antwerpener Bart-

### Urzwerge

Das sind Zwerghühner, von denen es keine große Hühnerrasse gibt. Sie sind in der Regel noch viel kleiner als die anderen Zwerghühner und besitzen meistens (aber nicht immer) ein lebhaftes Temperament.

zwerge sind eher die Zierhühnchen unter den Zwergen. Sie zählen zu den sogenannten Urzwergen.

Zwerghühner sind also „richtige“ Hühner, nur eben eine Nummer kleiner – aber genauso vielfältig und liebenswürdig. Wie gesagt: Für geringere Platzverhältnisse sind sie meistens besser geeignet. Und egal, ob es sich nun um eine große Hühnerrasse oder Zwerghühner handelt, sie alle stammen vom selben Ursprung ab: den auch heute noch im südostasiatischen Dschungel lebenden wilden Bankivahühnern.

Bei Enten und Gänsen verhält es sich anders. Zwar gibt es auch bei den Enten eine Rasse, die Zwergenten genannt wird, doch handelt es sich dabei um keine „Verkleinerung“ einer bestehenden Rasse (mehr zu den Enten ab Seite 63).

## Ein Plädoyer für Züchtungsarbeit

Wenn Sie etwas Erfahrung mit dem Halten von Hühnern, Enten oder Gänsen gesammelt haben und sich dazu entschließen sollten, Küken einer bestimmten Rasse nachzuziehen, leisten Sie einen wertvollen Beitrag zum Rassenerhalt und damit zur Biodiversität. Leider hat es sich noch nicht auf breiter Ebene herumgesprochen, dass auch Haustierrassen vom Aussterben bedroht sein können. Und nicht nur das, viele Rassen sind bereits ausgestorben. Europaweit haben sich Verbände gegründet, die das für die Zukunft verhindern wollen.

Rassegeflügelzüchter leisten wichtige Arbeit. Sie halten und züchten Geflügel in Vereinen und auf Basis eines festgelegten Standards. Sie präsentieren ihre Tiere bei Ausstellungen, von der Orts- bis hin zur Bundes-, ja sogar auf Europaebene.

Hühner sind ungeheuer vielfältig, wie diese Araucana-Henne im Vergleich zur winzigen Sebright-Henne verdeutlicht.

Wer mit dem Gedanken spielt, selber nach Rassestandard zu züchten, findet im örtlichen Kleintierzuchtverein oder in den Sondervereinen erste Ansprechpartner. Während in Kleintierzuchtvereinen Züchter der ganzen Bandbreite von Geflügel und eventuell sogar Kaninchen gebündelt sind, sind in Sondervereinen nur Züchter einer bestimmten Rasse, vielleicht sogar nur eines bestimmten Farbenschlages organisiert. Und solche Sondervereine gibt es nicht nur für Hühner und Zwerghühner, sondern auch für Enten und Gänse. Den Kontakt zu Sondervereinen erhalten Sie ebenfalls über die örtlichen Kleintierzuchtvereine oder im Internet (Adressen dazu finden Sie im Service auf Seite 152).

# Verstehen, wie Geflügel lebt

Geflügel kann relativ frei gehalten werden. Sie brauchen den Menschen nicht als Sozialpartner, sie brauchen ihre Artgenossen. Dennoch empfinden sie eine Bindung an ihr Zuhause. Hier erwartet sie Schutz, vor allem in der Nacht, Futter und ein gemütliches Plätzchen zum Eierlegen.

Hühner, Enten, Gänse und Co. schließen sich mehr oder weniger dem Menschen an. Sie kennen vielleicht Bilder aus den Urwaldgebieten, in denen Hühner vollkommen frei unterwegs sind und dennoch bei ihren Menschen bleiben. Das Gleiche kennt man auch von anderem Geflügel in Ländern, in denen die Geflügelhaltung noch dem ursprünglichen Zweck der Selbstversorgung dient: Die Tiere sind im Grunde den lieben langen Tag mehr oder weniger sich selbst überlassen, kommen aber gegen Abend wieder zu ihrer „Menschen-Familie“ zurück.

Natürlich ist das Futter der Schlüssel für dieses Verhalten. Mindestens genauso wichtig ist allerdings das Schutzbedürfnis. Denn wenn das Federvieh in der langen Zeit als Haustier eins gelernt hat, dann das: Es ist bei seinen Menschen sicher.

## Das Bedürfnis nach Schutz

Das Bedürfnis nach Schutz vor Feinden – sowohl am Boden (Fuchs und Marder) als auch aus der Luft (Habicht) – müssen Sie sich immer vor Augen halten. Viele Erfordernisse der Haltung fußen auf diesem natürlichen Schutzbedürfnis der Tiere. Gestalten Sie die Ausläufe ihres Geflügels daher so, dass es natürliche Unterschlupfmöglichkeiten findet und viele Bereiche mit „einem Dach über dem Kopf“ hat. Büsche, Sträucher und Bäume sind hierzu ideal. Neben Schatten und Schutz bieten entsprechende Gehölzarten zu verschiedenen Zeiten auch eine zusätzliche Nahrungsquelle. Spätestens da erleben Sie täglich aufs Neue, wie einfallsreich Geflügel ist, um an Nahrung zu kommen. Da beißen Gänse regelrecht von Fallobst ab und Hühner springen wie ein Flummi an den Johannisbeer-

Um Geflügel glücklich zu machen, braucht es artgerechte Haltungsbedingungen – wie eine Badegelegenheit für diese Deutschen Pekingenten.

sträuchern hoch, um an die Beeren zu gelangen. Wenn man das weiß und erlebt, kann man es nur bedauern, wie Hühner und Co. auf den tristen Weiden der modernen Landwirtschaft leben müssen. Alles ist zwar besser als die früher normale, unsägliche Batteriehaltung (die heute in Deutschland verboten ist). Von einer idealen Tierhaltung ist die Landwirtschaft aber immer noch weit entfernt.

### Sträucher und Bäume für den Geflügelauslauf

Damit sich Gehölze für das Geflügelgehege eignen, müssen sie folgende Eigenschaften haben:

- Sie müssen robust und hart im Nehmen sein und im Idealfall ohne viel Pflege üppig wachsen.
- Sie dürfen nicht giftig sein.
- Sie sollten ein recht dichtes Blätterdach bilden, sodass sie gut als Versteck dienen können.
- Im Idealfall tragen sie essbare Früchte „zur Selbstbedienung.
- Folgende Arten bieten sich an: Apfel, Birne, Zwetschge oder Pflaume, Mirabelle, Johannisbeere, Holunder, Haselnuss.

Schauen Sie sich ruhig einmal den natürlichen Lebensraum Ihres Geflügels an beziehungsweise den ihrer Ahnen Bankivahuhn, Graugans, Schwanengans, Stockente und Moschusente. Alles, was Sie dort vorfinden, passt auch zu Ihrem Hausgeflügel.

Bankivahühner leben im Dschungel, also einem reich strukturierten Umfeld. Große kahle Flächen gibt es dort kaum. Überall finden sie Schutz und lose Erde, die zum Scharren und Staubbaden einlädt. Die wilden Entenarten halten sich mehrheitlich auf dem Wasser auf. In Flüssen gründeln sie im Wasser und an den Ufern, wo sie viel Futter finden. Die Wildgänse hingegen sind lange Zeit auf Wiesen und abgeernteten Feldern unterwegs und fressen ausgiebig Gras, ehe sie sich zum Ruhen hinsetzen. Sie sind wesentlich seltener auf dem Wasser. All das sind Verhaltensweisen, die man auch bei artgerecht gehaltendem Hausgeflügel beobachten kann.

Natürlich hat die Domestikation ihre Spuren hinterlassen. Viele Rassen können im Gegensatz zu ihren Vorfahren nicht oder kaum mehr fliegen. Sie sind auch wesentlich zutraulicher und haben vor allem eine riesige Leistungssteigerung beim Eierlegen und beim Fleischansatz durchgemacht. Nicht nur das. Auch die Lebensweise hat sich mitunter gewandelt. Leben zum Beispiel die wilden Bankivahühner noch in einer Art Einehe, also ein Hahn mit einer, maximal zwei Hennen, ist das beim Haushuhn anders. In der Regel werden einem Hahn mindestens drei bis vier Hennen dazugegeben. Bei sehr lebhaften und temperamentvollen Rassen hat ein Hahn auch keine Probleme, bis zu zehn Hennen zu befruchten. Gänse werden fast immer paarweise oder ein Ganter zu zwei Gänsen gehalten. Bei Enten spielt wieder das Temperament eine Rolle, sodass man hier einem Erpel auch mal vier oder fünf Enten an die Seite gibt.

Brahma ist eine der größten Hühnerrassen; die Tiere fliegen nicht, sodass schon ein niedriger Zaun ausreicht.

Diese Zahlen sind als Basis anzunehmen, wenn man eigene Nachkommen haben und sichergehen will, dass möglichst alle Eier befruchtet sind. Ist dieser Aspekt nicht ausschlaggebend, kann man auch mehr weibliche Tiere zu Hahn, Ganter oder Erpel setzen. Sie kennen bestimmt Bauernhöfe, auf denen ein Hahn mit 20 oder gar 30 Hennen herumläuft. Dass in diesem Falle alle Eier befruchtet sein werden, ist aber unwahrscheinlich.

Bei den Enten erkennt man das Geschlecht übrigens am Äußeren, bei Gänsen ist das in der Regel nicht der Fall. Da kann es dem Laien schon mal passieren, dass mehr Ganter als Gänse in der Gruppe sind. Das ist bei Gänsen außerhalb der Paarungszeit meistens kein Problem; bei Hühnern sieht es da aufgrund des größeren Konkurrenzverhaltens der Hähne untereinander schon anders aus. Mehrere Hähne in einer Herde sollten Anfänger und Halter von kleinen Gruppen nach Möglichkeit vermeiden.

**Welsumer 1,4**

Unter Züchtern wird statt von Herde oder Familie von einem Stamm gesprochen, wenn eine bestimmte Anzahl an weiblichen Tieren mit einem männlichen zusammenlebt. Angegeben wird es dabei so, dass die Anzahl der Hähne, Ganter oder Erpel vor dem Komma und die Anzahl der Hennen, Gänse oder Enten nach dem Komma steht. Welsumer 1,4 bedeutet also, die Gruppe besteht aus einem Hahn und vier Hennen der Hühnerrasse Welsumer.

## Mit oder ohne Mann im Stall?

Legen Sie keinen Wert auf Nachkommen im Geflügelgarten, können Sie ruhig auf die männlichen Tiere verzichten – so könnte man jedenfalls meinen und grundsätzlich ist das auch richtig ... Aber spätestens, wenn Sie einmal erlebt haben, welche Harmonie und welche Wechselbeziehungen in einer kompletten Geflügelfamilie herrschen, wollen Sie höchstwahrscheinlich nicht auf männliche Vertreter verzichten. Erstmal sind sie wunderschön, manche auch äußerst imposant anzusehen. Außerdem nehmen sie eine wichtige Stellung im sozialen Gefüge ein. Hahn, Ganter oder Erpel sind auf der einen Seite meist richtige Machos. Sie geben sich mutig und stark und protzen vor ihren Damen. Da kann es schon mal vorkommen, dass sie sich auch gegen wesentlich stärkere Kontrahenten stellen. Auf der anderen Seite sind sie äußerst fürsorglich und zart. Sie zeigen ihren Küken nur zu gerne, wo sie etwas besonders Leckeres zum Fressen finden, müssen dabei aber aufpassen, dass die Mutter sie nicht in die Schranken weist.

Gerade bei Hühnern muss man bei der Entscheidung, ob man einen Hahn halten möchte oder nicht, aber auch den Aspekt des Krähens mit bedenken. Dieser Krähruf ist es, der die meisten Halter auf den Hahn verzichten lässt. Jedoch hat in dieser Beziehung durchaus ein positiver Wandel in der Gesellschaft stattgefunden: Das Krähen gehört, sofern es nicht ausufert, mehr und mehr dazu. Mit ein paar Tricks, wie ein gut isolierter Stall, lässt sich die Beeinträchtigung in einem sehr erträglichen Rahmen halten. In Frankreich jedenfalls hat eine offizielle Abstimmung stattgefunden, die unter anderem das Krähen zum Kulturgut erhoben hat und geduldet werden muss. Auch in Deutschland sind diesbezüglich Bestrebungen im Gang. Auf einen hoffentlich positiven Ausgang müssen wir allerdings noch warten.

Bei Gänsen und Enten lassen beide Geschlechter mehr oder weniger die gleichen Laute hören. Gut, die Ganter und Erpel haben meistens eine etwas tiefere Stimme, was aber nicht besonders ins Gewicht fällt. Dennoch dürfen Sie nicht unterschätzen, wie laut Gänse insgesamt sein können (mehr dazu auf Seite 82).

An dieser Stelle seien vielleicht noch die Puten erwähnt. Puter kollern beim Balzen, was für die meisten Menschen ungewohnt klingt. Von der Lautstärke her ist es aber keinesfalls mit dem Krähen der Hähne oder dem Rufen der Ganter zu vergleichen. Puter sind diesbezüglich also eher nachbarschaftsfreundlich.

## Ein unabhängiges Gewohnheitstier

Geflügel ist eigentlich sehr halterfreundlich. Wie bereits erwähnt, wurde es früher meist sich selbst überlassen. Und auch wenn man sich heute mehr um die Tiere kümmert als in früheren Zeiten, ist es auf die Gesellschaft des Menschen nicht angewiesen. Futter und eine sichere Unterkunft bieten ja, bespaßen nein! Geflügel freut sich zwar, wenn der Halter zur Fütterung kommt, die enge persönliche Bindung, wie man sie zum Beispiel zu Hund oder Katze pflegt, ist beim Geflügel höchst selten. Und das stört Huhn, Gans oder Ente in keinster Weise; ihr Orientierungspunkt sind die Artgenossen. Oder anders ausgedrückt: Ihr Geflügel ist von jedem begeistert, der das Futter bringt. Ihr Geflügel nimmt es Ihnen nicht übel, wenn jemand anderes, zum Beispiel ein Nachbar als Urlaubsvertretung, zum Füttern kommt.

Fast wie ein Widerspruch scheint da die Tatsache, dass Geflügel auch ein Gewohnheitstier ist. Eine andere Jacke, ein anderer Futterbecher, andere Bewegungen werden von den Tieren genau wahrgenommen. Sie merken sehr wohl, wenn ihr Halter zum Beispiel Stress hat und sich hektischer bewegt als sonst. Mit ruhiger Ansprache und etwas Zeit der Gewöhnung ist das aber schnell Schnee von gestern. Und wie gesagt: Futter zieht immer! Ihre Urlaubsvertretung sollten Sie zuvor genau einweisen, was Sie normalerweise zuerst und dann der Reihe nach tun – die täglichen Routinen geben den Tieren Sicherheit. Und schnell wird sich das Geflügel an die neuen Betreuer gewöhnt haben und es Ihnen mit weiterhin völlig unkompliziertem Verhalten danken.

# Ganz und gar ein Vogel: der Körper

Geflügel gehört selbstverständlich zu den Vögeln und hat deshalb auch im Hinblick auf seinen Körperbau und die Körperfunktionen sehr spezifische Merkmale. Einige sind im Lauf der Domestikation leicht verändert worden. Dennoch: Geflügeltiere sind zweifelsfrei Vögel.

Vögel zeichnen sich durch Federn, einen Schnabel, Röhrenknochen und einen relativ kurzen Verdauungstrakt aus. Die Vordergliedmaßen haben sich zu Flügeln entwickelt; daher haben sie nur zwei Beine.

Die Röhrenknochen sind durch das fehlende Knochenmark sehr leicht. Das begünstigt ein geringes Gesamtkörpergewicht und damit die Flugfähigkeit. Viele Hühnerrassen können fliegen, auch Enten- und Gänserassen, selbst Puten sind dazu imstande. Aber im Zuge der Domestikation hat es sich so eingerichtet, dass sie ihr Flugvermögen nur noch wenig nutzen. Das ist erstaunlich – sind doch die Vorfahren der Hausgänse Zugvögel, und selbst Wildenten legen große Strecken im Flug zurück –, aber doch auch wieder verständlich. Schließlich wurden viele Rassen für einen größeren Braten, sprich einen höheren Fleischansatz und damit mit mehr Gewicht gezüchtet, was das Fliegen im wahrsten Sinne des Wortes erschwert. Auch das Temperament hat sich im Laufe der Züchtung mitunter verändert: Die Tiere sind oftmals ruhiger geworden. Aber dennoch: Einmal aufgeschreckt, ist es zum Beispiel für leichte Hühnerrassen auch heute noch kein Problem, aufs Dach oder einen hohen Baum zu fliegen.

## Der Schnabel

Zähne suchen Sie beim Geflügel vergebens. Der Schnabel ist mit Ausnahme des sogenannten Eizahns, der die Eischale beim Schlüpfen durchbricht, zahnlos. Geflügel nutzt den Schnabel auf der einen Seite, um das Gefieder zu pflegen, auf der anderen Seite aber hauptsächlich zur Nahrungsaufnahme. Trotz der zum Teil sehr kräftigen Ausprägung, kann Geflügel mit seinem Schnabel sehr fein umgehen und selbst kleinste Futterbestandteile aufnehmen. Enten und Gänse haben am Schnabel ganz feine Hornspitzen, die dazu da sind, Futter aus dem Wasser zu fischen.

Hühner verwenden ihren Schnabel auch dazu, Hackordnungen auszutragen. Diese Auseinandersetzungen können durchaus blutig verlaufen. Aus diesem Grund war es lange Zeit üblich, die Schnäbel von Legehennen in der landwirt-

Geflügel erkennt seine Menschen; ein Leckerbissen lässt diese Gänse noch zutraulicher werden.

schaftlichen Nutztierhaltung zu kupieren. Dabei wurde die Schnabelspitze mit einer glühenden Metallplatte gekürzt. Glücklicherweise ist diese Tierquälerei heute verboten. War es doch nichts anderes als die Kapitulation vor einer tiergerechten Haltung. Jegliches Federpicken und Kannibalismus haben nämlich ausschließlich ihre Ursache in Haltungsschwierigkeiten oder auch in einem Mangel in der Ernährung.

Auch unter Enten und Gänsen gibt es eine Hackordnung, die sich in seltenen Fällen bis zum Kannibalismus steigern kann. Dass vor allem Gänse mit ihrem

Schnabel ein richtiges „Werkzeug" zur Verfügung haben, merkt man spätestens, wenn einem eine Gans in die Waden beißt. Ein blauer Fleck ist Ihnen sicher.

Was vielen nicht bewusst ist: Geflügel hat auch eine Zunge! Hühner haben eine eher spitze Zunge, während sie bei Enten und Gänsen vorne gerundet ist. Bei Hühnern werden Sie sie eigentlich kaum zu Gesicht bekommen, bei Enten und Gänsen sicherlich schon. Wenn sie rufen oder „zischen", zeigen sie ihre Zunge sehr deutlich. Dann fällt erst auf, wie groß die Zunge eigentlich ist.

Der Geschmackssinn ist beim Geflügel nicht besonders gut ausgeprägt. Sie können zwar salzig, bitter, süß und sauer unterscheiden, doch sind sie im Hinblick auf ihre Nahrung beziehungsweise die Geschmacksrichtung nicht besonders wählerisch. Eine Tendenz ist dennoch erkennbar: Leicht sauer scheint ihnen etwas lieber zu sein als süß. Scharf macht ihnen gar nichts aus. Grundsätzlich ist es aber so, dass alles probiert und wirklich nur verdorbenes Futter nicht gefressen wird.

Der Hahnenschrei gehört zum Revierverhalten von Hühnern und stört leider viele Nachbarn – auch wenn der Hahn noch so schön ist, wie dieser Hamburger im Farbenschlag silberlack.

## Stimme und Ohren

Der Krähruf des Hahnes ist zum einen Imponiergehabe, zum anderen dient er dazu, das Revier abzustecken (Ihre Nachbarn können ein Lied davon singen, wie weit das Krähen zu hören ist). Im dichten Gebüsch, in dem die Vorfahren unseres Haushuhns lebten, konnten die Tiere nicht weit gucken und waren somit auf die Kommunikation per Laute über weite Strecken hinweg angewiesen. Passend dazu ist das Gehör der Hühner – und das des anderen Geflügels – gut ausgeprägt. Die vertraute Stimme ihres Halters nehmen Hühner, Enten und Gänse aus 50 Meter Entfernung problemlos wahr und reagieren entsprechend. Aus der Erfahrung heraus scheint es, als sind ihnen ruhige, sonore Töne lieber als schrille. Eine Ohrmuschel haben Vögel übrigens nicht. Kleine, ganz zarte Federchen schützen die Ohröffnung, sodass sie gar nicht auffällt.

Beim Krähruf öffnet der Hahn seinen Schnabel weit und auch Gänse und Enten öffnen den Schnabel weit, wenn es darum geht, lautstarke Töne von sich zu geben. Sie alle können aber auch wesentlich leiser kommunizieren: Dazu wird der Schnabel kaum sichtbar geöffnet und leise summende Töne erklingen. Gerade im Miteinander von Eltern und Kindern kann man das deutlich wahrnehmen.

## Die Augen

Trotz gutem Gehör ist Geflügel ein Augentier. Die Tiere sehen erstaunlich gut. Spitzenreiter sind die Gänse mit etwa 120 Metern. Vielleicht liegt darin auch begründet, dass Gänse besonders gute Wächter sind. Manch einer sagt ja, sie passen besser auf Haus und Hof auf als ein Hund.

Mit den Farben hat es das Geflügel nicht so. Es kann aber hell und dunkel sehr gut unterscheiden. Rotgelb erscheint am hellsten, gefolgt von Gelb, wobei im Vergleich zum menschlichen Auge diese Farbtöne etwa viermal so hell erscheinen.

Die Iridenfarbe, also die Farbe der Iris um die Pupille, kann beim Geflügel variieren. Von sattem Rot über Orangerot, Weißlich, Gelb und sogar fast Schwarz. Herausragend sind wohl die blauen Augen vieler Gänse. Wenn Sie solch einer Gans einmal tief in die Augen geschaut haben, sind sie höchstwahrscheinlich völlig aus dem Häuschen. Enten haben fast ausnahmslos schwarze Knopfaugen. Gerade bei weißen Enten sorgt das für das bekannte „Kindchenschema“ und viele Betrachter schmelzen dahin. Nur bei Warzenenten ist das anders: Sie haben eine weiße Iris.

In der Mauser kann es vorkommen, dass ein Huhn von einem Tag auf den anderen fast nackt aussieht.

### Wie gut sieht Geflügel?

In den folgenden Distanzen sehen die Tiere gut, darüber hinaus wird es sehr unscharf.

- Hühner: etwa 50 m
- Enten: etwa 80 m
- Gänse: etwa 120 m

## Das Gefieder

Die Federn schützen den Körper vor Kälte und Witterungseinflüssen. Alle Federn, aber ganz besonders die von Enten und Gänsen, wirken wasserabweisend. Ja, das Wasser perlt regelrecht ab – der sogenannte Lotuseffekt. Das hat den Vorteil, dass sich das Gefieder bei Regen nicht vollsaugen kann.

Eine optimale Gefiederqualität setzt allerdings eine intensive Pflege durch das Tier selbst und zugleich optimale Haltungsbedingungen voraus! Beim Wassergeflügel, also bei Enten und Gänsen, macht das eine ausreichend große und regelmäßig zur Verfügung stehende Badegelegenheit mit sauberem Wasser nötig, bei Hühnern ein Sandbad (Seite 33). Außerdem streichen die Tiere jede einzelne Feder immer wieder durch den Schnabel und fetten sie mit einem besonderen Sekret aus der Bürzeldrüse ein.

Trotz intensiver Pflege gehen die Witterungseinflüsse und auch Auseinandersetzungen mit Artgenossen nicht spurlos am Gefieder vorbei; es bleibt leider nicht ein Leben lang intakt. Die Natur hat deshalb die Mauser „erfunden". Bei diesem durch Hormone gesteuerten Vorgang wird das Gefieder vollständig erneuert. Sie findet das erste Mal bereits bei Küken mit dem Verlust der Daunen statt; das beginnt schon relativ bald nach dem Schlupf an den Flügelchen. Nach und nach werden die ganzen Kükendaunen abgestoßen und das Jugendgefieder sprießt. Während dieser Zeit sehen die Jungtiere immer etwas zerrupft aus. Nach dem Jugendgefieder kommt bei der nächsten Mauser das Erwachsenengefieder. Während sich das Jugendgefieder sowohl in der Farbe als auch in der Zeichnung von dem der Elterntiere sehr unterscheiden kann, ist spätestens mit dem Erwachsenengefieder kein Unterschied mehr auszumachen.

Die Bildung neuer Federn bedeutet für das Tier einen gewissen Stress und einen erhöhten Energieaufwand. Schließlich ist in dieser Zeit die Schutzfunktion vor Kälte deutlich eingeschränkt. Der Organismus braucht mehr

Energie, um dieses Manko auszugleichen. Um Energie zu sparen, ist während der Mauser auch die Zeit der Legepause.

Gerade bei Enten und Gänsen kann es während der Mauser im Bereich der Flügeldecken kahle Stellen geben. Hier müssen Sie besonders aufpassen! Unter Umständen könnten andere Tiere daran herumzupfen und es könnte dann zu dauerhaften Kahlstellen, im schlimmsten Fall sogar zu blutigen Wunden kommen.

### Verschiedene Federtypen

Die größten Federn sind die Schwingenfedern am Flügel und das Schwanzgefieder mit den sogenannten Steuerfedern. Der restliche Körper ist mehr oder weniger mit unterschiedlichen Konturfedern bedeckt. Während Schwingenfedern nur aus einem stabilen Federkiel und beiderseitigen Federfahnen bestehen, haben Konturfedern im unteren Federbereich auch etwas Daunengefieder. Dieser Anteil variiert je nach Lage der Feder am Körper. Enten und Gänse haben außerdem noch Daunenfedern, sogenannte Volldaunen. Diese haben keinen Federkiel und besitzen die höchste Wärmeeigenschaft von allen Federn.

## Der Verdauungstrakt

Von allen Körperfunktionen soll hier die Verdauung herausgehoben werden. Denn beim Geflügel ist die Verdauung der „wunde Punkt". Stimmt hier etwas nicht, kann die Kondition innerhalb kürzester Zeit so stark leiden, dass es sogar zum Tod kommen kann. Aus diesem Grund achten erfahrene Geflügelhalter ganz besonders auf diesen Aspekt.

Wie bei allen Vögeln zielt die Verdauung des Geflügels darauf ab, die Futtermenge zu verdauen, und zwar innerhalb kürzester Zeit. Der Grund ist, dass der Körper nicht zu lange und vor allem auch nicht stark belastet werden soll. Denn das wäre vor allem beim Fliegen hinderlich. Auch wenn unser Hausgeflügel nur noch sehr bedingt fliegt, sind es immer noch Vögel und ihre Verdauung ist entsprechend ausgelegt. Die kurze Verdauungszeit setzt voraus, dass die Futtermittel sehr energiereich und hauptsächlich leichtverdaulich sind.

Das Futter gelangt über den Schnabel zunächst in den Kropf, wo es etwas eingeweicht wird. Der Kropf ist eine Art Futterspeicher: Bei den Hühnern ist es einfach eine Ausstülpung der Speiseröhre, bei Enten und Gänsen hingegen eine längliche Erweiterung derselben. Ein voller Kropf zeichnet sich unter dem Gefieder sichtbar ab. Fassen Sie ruhig einmal den Kropf in vollem Zustand vorsichtig an. Sie merken recht deutlich, welche Futterbestandteile sich darin befinden.

Vom Kropf aus gelangt das Futter in den Drüsenmagen. Hier werden dem Futter bereits erste Stoffe zugesetzt, um es besser aufzuschließen. In der nächsten Station, dem Muskelmagen, kommt es dann zur eigentlichen Zerkleinerung der Futterbestandteile. Dies geschieht durch Kontraktionen von Muskeln im Magen.

Idealerweise wird in der Fütterung sogenannter Grit (Seite 42) gereicht. Grit und von den Tieren selbst aufgenommene Steinchen aus dem Auslauf unterstützen die Zerkleinerung ganz entscheidend. Die Steinchen werden im Lauf der Zeit von körpereigenen Säuren zersetzt, sodass die Tiere immer wieder Nachschub brauchen. Ihr Geflügel weiß selbst, wann es soweit ist. Es ist nur an Ihnen, dafür zu sorgen, dass immer etwas zur Aufnahme bereitsteht.

Der Darmtrakt der Vögel ist, vor allem im Vergleich zu Säugetieren, sehr kurz. Das ist auch der Grund, weshalb Geflügel mit rohfaserreichem Futter wie Gras eher seine Schwierigkeiten hat. Eine Ausnahme bilden die Gänse, die auch Gras sehr gut verwerten können.

Das aus dem Muskelmagen kommende Futter wird im Dünndarm durch verschiedene Fermente und Sekrete in aufnehmbare Nährstoffe zerlegt. Über die Darmwände gelangen diese dann ins Blut und damit in den Organismus.

Etwas sonderbar am Geflügel ist, dass es zwei Blinddärme am Übergang vom Dünn- zum Dickdarm hat. Hier wird die Rohfaser durch Gärungsvorgänge aufgeschlossen. Durch die Blinddärme wird aber nur ein Teil der zu verdauenden Bestandteile geschickt. Nach acht bis zehn normalen Darmentleerungen kommt es zur Abgabe des sogenannten Blinddarmkotes. Dieser sieht aus wie Durchfall (ist aber keiner!), ist gelblich braun und stinkt übel. Er ist mit dem normalen Kot nicht zu vergleichen; der ist grünlich grau und mit einem weißen Urinklecks überzogen (Geflügel gibt keinen Urin in flüssiger Form ab).

Jeglicher Kot wird über den Enddarm und schlussendlich über die Kloake ausgeschieden. Dort finden auch die Harnkanäle ihren Abschluss, genauso wie der Eileiter bei den weiblichen und der Samenleiter bei den männlichen Tieren.

Durch den kurzen Verdauungstrakt gibt Geflügel sehr oft Kot ab, die Menge ist dabei jeweils überschaubar. Selbstverständlich ist sie bei großen und schweren Tieren üppiger als bei kleinen, leichten. Eine große Menge fällt über Nacht an, den Sie am nächsten Morgen idealerweise kurz kontrollieren. Schließlich zeigt ein gesunder Kot in der Regel an, dass mit den Tieren alles in Ordnung ist.

# Hühner

# Hühner halten

Hühner sind wohl das Geflügel, das Sie in einem Hausgarten am besten halten können. Sind die Platzverhältnisse beschränkt, sind Zwerghühner eine Option. Hühner und Zwerghühner sind an sich anspruchslos, wenn man ihre recht bescheidenen Bedürfnisse erfüllt.

Bei aller Bescheidenheit, die Hühner an den Tag legen, brauchen sie ein paar grundlegende Dinge, um artgerecht leben zu können. Nicht zuletzt wollen wir alle, dass es unseren Hühnern gut geht und sie sich wohlfühlen.

Der Auslauf ist das Revier der Hühner; der Hahn zeigt seinen Machtanspruch durch wiederholtes Krähen.

Büsche und Sträucher im Auslauf müssen hin und wieder durch eine Drahtgeflechtumspannung vor dem Freischarren geschützt werden.

# Stall und Auslauf

Hühner brauchen einen Stall und einen Auslauf. Oft kann ein bestehendes Gebäude zum Hühnerstall umfunktioniert und ein Stück des Gartens als Auslauf genutzt werden. Wo das nicht möglich ist, muss etwas Neues geplant werden.

Hühner sind fast den ganzen Tag draußen auf Achse, wenn sie die Möglichkeit dazu haben. Es ist ihnen ein Grundbedürfnis. Je größer und vor allem abwechslungsreicher Sie den Auslauf Ihrer Hühner gestalten können, desto mehr gefällt es ihnen. Büsche, Sträucher oder Bäume sind geradezu Pflicht. Ist dann der Boden noch mit einer dichten Grasnarbe bewachsen, haben Ihre Hühner ein wahres Paradies. Die Größe des Auslaufes ist nicht das Entscheidende, sondern die Abwechslung! Langeweile ist nämlich eine der häufigsten Ursachen für Probleme, von Federpicken bis Über-den-Zaun-Fliegen.

Optimal ist es, wenn Sie zwei getrennte Ausläufe realisieren können. Damit schlagen Sie gleich zwei Fliegen mit einer Klappe. Zum einen wird ein Teilbereich immer wieder geschont, sodass die Grasnarbe erhalten bleibt, zum anderen haben Ihre Hühner Abwechslung, wenn sie nach geraumer Zeit in den „frischen" Auslauf wechseln.

Unter dem herausgeworfenen Heu der Schafe findet sich allerlei Getier – willkommene Leckerbissen für die Zwerg-Hamburger.

Je nach Rasse kann schon eine Zaunhöhe von 1,20 Meter reichen. Üblicherweise verwendet man einen gewöhnlichen Maschendrahtzaun. Unter Umständen müssen Sie eine stromführende Litze anbringen, um dem Fuchs den Zugang zu verwehren. Alternativ können Sie auch mit einem Geflügelnetz arbeiten. Ob Sie auch dafür ein Stromgerät verwenden, müssen Sie nach einer kurzen Beobachtungsphase selbst entscheiden.

Genauso wichtig ist, dass Sie den Auslauf von oben schützen, wenn hier Gefahr durch Greifvögel droht. Hierzu verwenden Sie am besten ein Kunststoffnetz. Alternativ ist eine gute Bepflanzung des Auslaufes mit ausreichend Versteckmöglichkeiten ein guter Schutz.

Und dann brauchen Hühner natürlich einen Stall! Dieser muss hell und trocken sein und es darf keine Zugluft herrschen – damit haben Sie die wichtigsten Voraussetzungen geschaffen. Als Einstreu verwenden Sie idealerweise staubfreie Hobelspäne oder auch Hanfstreu. Mit einem Kotbrett unter der Sitzstange (Seite 126) wird der meiste Kot gesammelt, sodass Sie die Einstreu lange Zeit behalten können. Wenn Sie einen Stall selber bauen wollen, finden Sie ab Seite 116 zusammengefasst die wichtigsten Parameter.

**Mindestgrößen für etwa vier Hühner**

- Stallfläche: 3 $m^2$ für große Rassen, 1,5 $m^2$ für Zwerg-Rassen
- Auslauffläche: 20 $m^2$

## Das Sandbad

Zu den absoluten Lieblingsbeschäftigungen von Hühnern zählt das Sandbaden. Schauen Sie sich das einmal live an! Die Tiere schaufeln den Sand mit ihren Füßen in ihr Gefieder und lassen ihn zwischen die Federn bis auf die Haut rieseln. Danach schütteln sie sich und katapultieren den Sand weit von sich. Es ist die reinste Wonne für Ihre Hühner – ein absolutes Wellness-Programm! Darüber hinaus ist das Sandbaden gesundheitsfördernd: Hühner befreien sich auf diese Weise von lästigem Ungeziefer, indem es mit dem Sand weggeschleudert wird.

In einem großen Auslauf gestalten sich Ihre Hühner dieses Sandbad selbst. Sie suchen oder machen sich eine Kuhle unter einem Strauch und richten es sich dort gemütlich ein. Gerade bei längeren Stallhaltungsphasen ist es aber unbedingt nötig, dass sich auch im Stall ein Sandbad befindet. Dazu verwenden Sie am besten eine Kiste von etwa 40 × 40 Zentimetern und füllen sie mit trockenem Sand. Haben Sie Holzasche zur Verfügung, dann mischen Sie diese ruhig unter. Alternativ kann sogenanntes Kieselgur (aus dem Landhandel) beigemischt werden, gern halb Sand, halb Kieselgur. Nach dem „Baden" schütteln die Hühner ihr Gefieder intensiv aus – war das Bad mit Kieselgur versetzt, wird dieses dabei gleich im Stall gleichmäßig verteilt und damit die Rote Vogelmilbe massiv eingedämmt. Lustigerweise wird Kieselgur durchs Schütteln der Hühner viel gleichmäßiger und feiner im Stall verteilt als mit jedem Stäubegerät.

Sandbaden dient den Hühnern zur Gefiederpflege – und zum Wohlbefinden.

### Kieselgur

Kieselgur ist ein sehr feines Gesteinsmehl aus urzeitlichen Kieselalgen. Seit ein paar Jahren wird es als biologisches Ungezieferbekämpfungsmittel eingesetzt, und zwar vorrangig gegen die Rote Vogelmilbe. Die Struktur des Kieselgurs führt zu Verletzungen der Milben, die dann austrocknen. Bitte achten Sie darauf, dass Sie bei der Verwendung von Kieselgur keine Brille tragen beziehungsweise sie anschließend nicht mit einem Tuch sauber reiben. Sonst werden die Gläser zerkratzt.

Ist kein natürliches Sandbad vorhanden, muss man den Hühnern eines anbieten.

# In Gesellschaft

Allein sein passt Hühnern gar nicht! Einzelne Hühnchen wären einsam – man sollte sie niemals einzeln halten! Auch wenn sie sich an den Menschen binden können, aber keineswegs müssen, brauchen Hühner Artgenossen, um glücklich zu sein.

Es spielt eigentlich keine Rolle, ob die Gruppe nur aus Hennen besteht oder ob ein Hahn dabei ist. Ehrlichweise muss man sagen, dass ein Hahn die Gruppe markanter führt als die ranghöchste Henne in reinen Hennengruppen und die Auseinandersetzungen unter den Hennen geringer sind. Ja, der Hahn schlichtet schon mal einen Streit zwischen Hennen und greift aktiv ein.

Übrigens müssen Sie auch nicht bei einer Hühnerrasse bleiben, Sie können Tiere verschiedener Rassen und auch Mischlinge gemeinsam halten. Je ähnlicher deren Temperamente sind, desto ruhiger und harmonischer wird die Gruppe zusammenleben. Bei genügend Platz können Sie auch Hühner und Zwerghühner miteinander halten. Selbst Puten, Gänse und Enten zusammen mit Hühnern funktioniert (Ausführlicheres dazu ab Seite 108). Entscheidend ist immer der Faktor Platz! Die einzelnen Tiere müssen sich aus dem Weg gehen können. Meistens ist es nämlich so, dass die größeren die kleineren etwas unterdrücken: Die Schwächeren müssen den Stärkeren gemäß der Rangordnung aus dem Weg gehen und deren Vorrecht am Trog respektieren. Je mehr Platz, desto problemloser wird dieses ungeschriebene Gesetz umgesetzt. Ständige Unruhe dagegen bedeutet für die Tiere Stress – mit all seinen negativen Auswirkungen. Überlegen Sie sich deshalb im Vorfeld, wie viele Tiere Sie halten wollen oder besser gesagt halten können. Es müssen immer so viele Fress- und Trinkplätze vorhanden sein, dass alle Tiere gleichzeitig darauf zugreifen können.

## Die Rangordnung

Hühner leben in einer strengen Rang- oder Hackordnung; sie regelt ihr soziales Leben. Die Rangordnung wird über Drohgebärden, aber auch durch handfestes Picken ausgetragen. Ist die Hackordnung einmal ausgefochten, sorgt sie in dauerhaften Hühnergruppen für relative Ruhe. Kaum ist jedoch eine Henne etwas kränklich, versuchen rangniedrigere Tiere emporzusteigen. Dieses Phänomen können Sie auch beobachten, wenn Sie neue Tiere hinzusetzen. Je seltener Sie das tun, desto mehr Ruhe haben Sie in Ihrem Hühnerstall.

Vermeiden Sie auch, eine einzelne Henne zur bestehenden Gruppe hinzuzusetzen; sie wird fast immer die Unterlegene sein. Falls Sie neue Hühner einglie-

dern wollen, sollten es immer mehrere sein. Gerade, wenn Sie das erste Mal Hühner anschaffen, ist es sinnvoll, die komplette Gruppe aus einem Bestand zu besorgen. Neben einer deutlich größeren Ruhe, wie eben beschrieben, ist auch die Gefahr deutlich geringer, Krankheitserreger einzuschleppen.

## Achtung, Federpicken!

Ein einmaliges Picken nach Artgenossen bereitet in aller Regel kaum einmal Probleme und ist bei Rangordnungsstreitigkeiten an der Tagesordnung. Geschieht dies jedoch mehrfach, kann das der Anfang vom Federpicken sein. Ist das Federpicken zu Beginn meistens eine Folge von Langeweile, kann es sich im allerschlimmsten Fall zum Kannibalismus entwickeln – sobald Blut fließt, ist Gefahr im Verzug.

### Faszination für Blut

Hühner untersuchen mit ihrem Schnabel alles und sind neugierig. Picken Sie ins Gefieder, weil beispielsweise ein Insekt darin sitzt und sie treffen versehentlich einen Blutkiel, also einen noch mit Blut gefüllten, jungen Kiel einer sich neu bildenden Feder, ist es passiert: Es beginnt zu bluten. Da Hühnern Blut schmeckt, versuchen Sie dieses Verhalten immer wieder. Im schlimmsten Fall kann es sogar dazu kommen, dass sie bis ins Fleisch picken.

Der Hahn schlichtet Streit unter zänkischen Hennen.

Neben Langeweile können aber auch überfüllte Ställe und zu starke Sonneneinstrahlung auf frisch nachwachsende Federn der Grund fürs Federpicken sein. Gerade bei heranwachsenden Hühnern und während der Mauser ist erhöhte Aufmerksamkeit angebracht: Die nachsprießenden Federkiele schimmern nämlich in der Sonne und haben auf Hühner eine ungeheure Anziehungskraft. Zunächst picken die Hühner aus Interesse an den glitzernden Federkielen und unter Umständen steigern sie sich mangels anderer Anregungen dann hinein. Interessanterweise laufen bepickte Hennen nicht davon, sondern lassen es über sich ergehen. Schauen Sie also, dass die Hühner durch optimale Haltungsbedingungen erst gar nicht auf eine solche Idee kommen, sondern zum Beispiel ihren Auslauf viel spannender finden.

Haben Sie einen Hahn in Ihrer Herde, dann verwechseln Sie bitte eventuelle Gefiederschäden auf dem Rücken der Hennen, die der Tretakt verursacht hat, nicht mit dem Federpicken. Beim Treten kann das Gefieder vor dem Schwanz vollkommen ramponiert werden und manchmal sogar völlig fehlen. Gerade zu Beginn der Hühnerhaltung sind viele diesbezüglich unsicher. Erkundigen Sie sich ruhig bei einem erfahrenen Hühnerhalter – und vor allem: Beobachten Sie Ihre Hühner aufmerksam.

# Hühner füttern

In früheren Zeiten waren die Hühner so etwas wie die Müllschlucker auf dem Bauernhof. Oft war es so, dass sie sich von den Schweinen Fressbares stibitzen mussten. Das ist heute anders, Hühner werden teils genauso liebevoll gefüttert wie Hund und Katze.

Die Ernährung der Hühner war früher oft alles andere als ausgewogen und nicht immer ausreichend. Hühnerhaltung und vor allem -fütterung liefen so „nebenbei". Hühner bekamen das, was bei den anderen Hoftieren oder auf dem Essenstisch der Familie übrig blieb. Und so brauchte man sich nicht zu wundern, wenn die Leistung der Hühner – und darauf kam es damals ausschließlich an – eher schlecht war.

Heute sieht es ganz anders aus: Hochwertiges Futter in verschiedenster Form steht in Hülle und Fülle zur Verfügung. Fast schlägt es ins andere Extrem um und man muss sich Sorgen machen, dass die Hühner zu energiereich gefüttert werden und verfetten. Wäre das so schlimm? Halte ich Hühner, um Freude an ihnen zu haben, dann ist eine leichte Verfettung kein riesiges Problem. Will ich jedoch Leistung in Form von Eiern oder Fleisch haben, dann muss die Ernährung genau passen. Oder salopp formuliert: Zum Schnabel muss hochwertiges Futter rein, damit hochwertige Eier hinten rauskommen.

## Körnerfutter als Basis

Die Basis jeglichen Hühnerfutters stellt Getreide in seinen verschiedensten Sorten dar. Weizen, Gerste, Mais, Hafer usw. sind wohl die häufigsten auf heimischen Feldern wachsenden Getreidesorten. Roggen und Triticale werden von Hühnern höchst ungern gefressen und sollten deshalb nicht verfüttert werden.

Ein weiterer großer Bestandteil von Hühnerfutter sind oft geschrotete Sojabohnen als energiereiche Eiweißträger. Sie kommen fast immer aus Übersee und werden meist mit der Abholzung von Regenwäldern zur Gewinnung von Anbauflächen in Verbindung gebracht. Außerdem ist der Großteil des auf dem Weltmarkt angebotenen Sojas gentechnisch verändert – es gibt aber auch Hühnerfutter mit ausdrücklich gentechnikfreiem Soja. Da immer mehr Menschen beide Punkte – lange Transportwege und Gentechnik – kritisch sehen oder ablehnen, werden seit ein paar Jahren in verschiedenen Gegenden Deutschlands und Europas Anbauversuche mit Soja durchgeführt. Darüber hinaus rückt auch die Lupine als Eiweißlieferant immer mehr ins Bewusstsein. Hauptsächlich in der Bio-Fütterung ist die Lupine als Soja-Ersatzfuttermittel hoch im Kurs. Es wird aber wohl

Hafer in verschiedenen Varianten: als Haferflocken, ganze Körner und gequetscht.

noch eine Zeit lang dauern, bis sie eine echte Alternative wird. Fakt ist, eine Eiweißkomponente muss in ausgewogenem Hühnerfutter enthalten sein. Vor allem in Legeperioden muss die Futterration ausreichend Eiweiß enthalten, schließlich ist die Bildung eines Eies Schwerstarbeit.

Zu bedenken ist immer, dass die meisten Futter für die wirtschaftliche Geflügelhaltung konzipiert sind. Der Markt der kleinen Hühnerhaltungen lohnt sich für die Futtermittelindustrie nicht. Die einzige „Anpassung" an diese Zielgruppe ist das Abpacken des gleichen Hühnerfutters in kleine Gebinde zu einem vergleichsweise hohen Preis. Aus diesem Grund können Sie ruhig die 25-Kilogramm-Säcke kaufen. Selbst bei einem kleinen Bestand werden diese schneller leer werden, als Ihnen vielleicht lieb ist. Manchmal lohnt es sich sogar, gleich mehrere Säcke zu kaufen und sich eventuell mit anderen Hühnerhaltern zusammenzuschließen. So lässt sich einiges sparen.

## Futter lagern

- Die Futtersäcke nie direkt auf den Boden stellen. Aufsteigende Feuchtigkeit kann zu gesundheitsschädlichem Schimmel führen. Selbst wenn man es noch nicht sieht, können sich Schimmelsporen durch das ganze Futter ziehen. Achten Sie beim Kauf auch darauf, wie der Händler das Futter lagert.
- Die Säcke entweder auf eine Palette stellen (auch etwas Abstand zur Wand halten) oder das Futter in eine verschließbare Futterkiste oder ein Fass umfüllen. Wenn der Behälter luftdicht ist, muss das Futter abgelagert und trocken sein, damit es nicht schimmelt.
- Ungeziefer wie Mäuse oder Ratten dürfen nicht ans gelagerte Futter kommen.
- Futterkiste und -fass immer erst vollständig leeren, ehe neues Futter eingefüllt wird (damit unten nicht irgendwann sehr altes Futter liegt).
- Optimal gelagertes Hühnerfutter hält sich problemlos ein halbes Jahr.

Eigene Körnerfuttermischungen herstellen, das lohnt sich für Sie in aller Regel nicht (anders sieht es bei Krümelfutter zum Zufüttern aus, mehr dazu auf Seite 43). Das Zusammenkaufen der einzelnen Komponenten ist sehr mühselig und um eine vollwertige Futtermischung herzustellen, braucht es jede Menge Erfahrung und Aufwand. Der Fachhandel bietet wirklich optimale Lösungen in Form von Fertigfuttermischungen an. War vor Jahren noch alles aus konventionellem Anbau, gibt es heute bereits mehrere Anbieter, die Hühnerfutter in Bio-Qualität führen. Das Angebot reicht von Küken- über Junghennen- bis hin zu Legehennenfutter und verschiedenen Mastfuttermischungen. Für den ernsthaften Züchter gibt es sogar noch spezielles Hähne- und Zuchtfutter. Der Hobbyhalter mit wenigen erwachsenen Tieren wird sich für ein Legehennenfutter entscheiden (der Hahn darf natürlich auch mitfressen).

Getreide ist fast immer Hauptbestandteil in der Geflügelfütterung.

Man unterscheidet dabei Legehennen-Alleinfuttermittel von „Legemehl", wie es landläufig heißt (es heißt manchmal auch korrekterweise „Legepellets", wenn man die Darreichungsform betrachtet – dazu aber auf Seite 41 mehr).

In Alleinfutter ist alles enthalten, was Ihre Hühner brauchen: eine Körnermischung, eine Eiweißkomponente (wie erwähnt meist Soja oder Lupine) und Mineralien – die Rundum-Sorglos-Mischung sozusagen. Wenn Sie wenig Aufwand und ein auf optimale Legeleistung ausgerichtetes Futter wollen, sind Sie mit Legehennen-Alleinfutter sehr gut beraten.

Mit Legemehl ist in den allermeisten Fällen ein Legehennen-Ergänzungsfutter gemeint. Der Name ist Programm: Dieses Futter ist als Ergänzung gedacht und sollte mit einer Getreidemischung gestreckt werden. Ursprünglich richtete sich dieses Futter an Bauern und Nebenerwerbslandwirte, die eigenes Getreide anbauen und nur die zusätzlichen hühnergerechten Futterkomponenten zukaufen wollten. Wenn Sie einen Bauern in der Nähe haben und Getreide ab Hof kaufen können, mag dies eine günstige Variante sein. Werfen Sie aber unbedingt einen Blick auf die Inhaltsstoffe, die auf jedem Futtersack vermerkt sein müssen. Beinhaltet Ihr Ergänzungsfutter Mineralstoffe wie Calcium und Magnesium? Falls nicht, müssen Sie zusätzlich eine spezielle Mineralstoffmischung für Geflügel anbieten. Stellen Sie diese in einem Extragefäß zur ständigen Aufnahme bereit. Ihre Hühner wissen, wann sie es brauchen und nehmen dann gerne davon.

Um die Verwirrung komplett zu machen, unterscheidet sich das Futter nicht nur hinsichtlich der eben beschriebenen Zusammensetzung, sondern auch hinsichtlich der Aufbereitung. Fertige Futtermischungen für Hühner – und das betrifft sowohl Alleinfutter als auch Legemehl – werden vom Handel in Mehl- oder Pelletform angeboten (richtigerweise heißt das Legemehl dann auch „Legepellets").

„Mehl" entsteht, wenn die Körner mehr oder weniger fein geschrotet und anschließend vermischt werden. Es hat in der Fütterung den riesigen Vorteil, dass ihre Hühner lange Zeit beschäftigt sind, bis sie satt sind, und dadurch das Risiko von Unarten wie Federpicken, die erfahrungsgemäß durch Langeweile aufkommen, reduziert wird. Außerdem können die Tiere bei Mehlfütterung nicht so leicht ihr Lieblingsgetreide herauspicken, wie sie es bei der Fütterung ganzer Körner täten. Dass Ihre Hühner bei sehr feinem Mehl verhungern würden, brauchen Sie übrigens nicht zu befürchten. Sie schaffen es, selbst kleinste Teile mit dem Schnabel zu fassen und zu fressen – vielleicht brauchen sie etwas mehr Zeit, aber Zeit haben sie ja!

Lassen Sie Ihre Hühner ruhig einmal pro Woche den Trog vollständig leer fressen, ehe Sie wieder nachfüllen, damit auch nicht ganz so beliebte Futterkomponenten gefressen werden.

### Hühner mit Schauspiel-Potenzial

Hühner sind ungeheuer einfallsreich, wenn es darum geht, sich nur die „Rosinen" aus der Futtermischung herauszupicken. Sie können Ihnen dann regelrecht vormachen, dass sie am Verhungern sind, obwohl sie noch Futter im Trog haben. Sie kommen angerannt und schreien, wenn sie Sie nur hören. Lassen Sie sich von Ihren Hühnern nicht hinters Licht führen. Schauen Sie, ob das Restfutter im Trog einwandfrei ist, und dann heißt die Devise: Hunger ist der beste Koch.

Eine Alternative zur Mehlform sind Hühnerfutter-Pellets. Auch hier werden die Bestandteile vermahlen, und zwar sehr fein. Anschließend wird dieses Mehl unter Druck, je nach Firma und Pressmatrize, zu mal größeren, mal kleineren Pellets zusammengepresst. Früher hat man auch Öle beigemischt, was aber heute eigentlich nicht mehr der Fall ist. Bei Pelletfütterung haben Ihre Hühner keine Auswahl: Sie müssen das Pellet komplett fressen und nehmen damit alle Bestandteile auf. Da viele Pellets jedoch recht kantige Formen haben, werden sie von den Tieren manchmal nicht so gerne angenommen. Das ist auch der Grund, weshalb viele Hühnerhalter lieber Mehl verfüttern. Pellets sind aber durchaus gängig und eigentlich nur eine Frage der Gewöhnung. Worauf Sie aber unbedingt achten müssen: Es muss immer ausreichend Wasser zur Verfügung stehen! Um die Pellets aufzuschließen, ist nämlich mehr Wasser nötig als zum Beispiel bei Mehlfütterung.

Eine Fütterung ganzer Körner ist nicht ratsam. Ihre Hühner wählen das aus, was sie am liebsten mögen. Sind dann noch die Fressplätze beschränkt, fressen die ranghöheren Tiere die Leckerbissen heraus und für die Rangniedrigen bleibt der Rest. Diese selektive Fressweise sorgt für die Verfettung einzelner Tiere und damit deutlichen Einbußen in der Legeleistung, von der gesundheitlichen Beeinträchtigung einmal ganz zu schweigen. Während Weizen und Gerste von den Hühnern gern gefressen wird, nehmen sie den länglichen Hafer und die großen

Maiskörner nur bei großem Hunger auf. Dazu kommt der immense Aufwand, die Maiskörner aufzuschließen und zu verdauen.

Alternativ zu ganzen Körnern können diese auch gequetscht werden. Vor allem bei Hafer wird das sehr gerne gemacht, da er in dieser Form gut gefressen wird. Gequetschter Hafer ist aber nur eingeschränkt haltbar, da er schnell ranzig wird. Deshalb sollten Sie ihn nach Möglichkeit nur frisch verfüttern.

Mais hingegen wird selten gequetscht, sondern eher gebrochen oder wie man in manchen Gegenden sagt: gerissen. Das heißt, das einzelne Maiskorn wird in einer Schrotmühle nur ganz grob zerkleinert. Das wird von den Hühnern dann wieder sehr gerne gefressen, da die einzelnen Teile das passende „Format" haben. Bei jeglicher Körnerfütterung allerdings, egal, ob nun im Ganzen oder gequetscht und gebrochen, besteht immer die Problematik des selektiven Fressverhaltens.

### Immer verfügbar: Standfutter

Üblicherweise bekommen Hühner entweder das Alleinfutter oder das Legemehl beziehungsweise Legepellets, gestreckt mit Getreide, als sogenanntes Standfutter. Das heißt, dass sie sich den ganzen Tag frei bedienen können.

Alleinfutter oder Getreide plus Legemehl, Mehl oder Pellets: In der Hobbyhaltung sollten Sie die Fütterung noch vielschichtiger gestalten: hin und wieder etwas Krümelfutter (Seite 43), Putzreste von Obst und Gemüse (außer rohe Kartoffeln und -schalen!), wurmstichige Äpfel, Vogelmiere, Löwenzahn und Co. vom Unkrautzupfen und abends vor dem Schlafengehen ein paar Getreidekörner in die Einstreu.

Grit spielt vor allem bei der Verdauung im Muskelmagen eine tragende Rolle.

Krümelfutter heißt Krümelfutter, weil es krümelt – und nicht matscht.

Außerdem sind Muschelschalengrit und Magensteinchen für die Verdauung (Seite 26) wichtig. Eine fertige Gritmischung besteht fast immer aus zerstoßenen Muschelschalen und Magensteinchen. Beide fungieren weniger als Kalkquelle, sondern sind vielmehr für die Verdauung unverzichtbar.

## Krümelfutter zur Ergänzung

Ein absoluter Leckerbissen für Hühner ist das sogenannte Krümelfutter. Basis ist immer geschrotetes Getreide. Dazu wird, je nachdem, was man gerade vorrätig hat, zerkleinertes Gemüse, klein geschnittenes Grünzeug wie Brennnesseln, eingeweichtes und gut ausgedrücktes Brot und andere Reste aus der Küche, eventuell Milchprodukte wie Magerquark als tierisches Eiweiß, Futterkalk, Bierhefe usw. beigemischt. Hier kann man so ziemlich alles hineinmischen, was für Hühner gut ist, und nebenbei für viel Begeisterung im Stall sorgen – Ihre Hühner werden es lieben. Der Feuchtigkeitsgehalt darf gerade so hoch sein, dass das Futter krümelig ist – niemals schmierig oder gar flüssig. Krümelfutter ist das ideale Ergänzungsfutter zu einer hochwertigen Körnerfuttermischung!

Eine beliebte Komponente im Krümelfutter sind Reste aus der Küche. Manche stellen die Reste-Verfütterung als Unding hin, als der modernen Hühnerhaltung nicht würdig. Aber schon immer wurden Speisereste den Hühnern zum Fressen gegeben, und zwar ohne, dass sie Schaden genommen hätten. Die Menge macht's! Wenn Sie Ihren Hühnern eine Handvoll Nudeln oder Reis, etwas gekochtes Gemüse oder auch ein Stückchen Fleisch oder Wurst geben, ist das keinesfalls schädlich. Im Gegenteil: Die Hühner haben ein Highlight, das wiederum der Langeweile vorbeugt (und die Freude ist ihnen merklich anzusehen). Und Ihre Reste vom Essenstisch sind gut verwertet. Es darf natürlich nichts Verdorbenes sein, das ist klar! Idealerweise mischen Sie so etwas unters Krümelfutter und zwar so, dass die Mengen in kurzer Zeit gefressen werden. So wurde es schon immer gehandhabt. Dass Reste nie das alleinige Futter darstellen dürfen, versteht sich von selbst. Gehen Sie hier mit gesundem Menschenverstand an die Sache heran.

Haben Sie einen größeren Tierbestand und spielen mit dem Gedanken, regelmäßig Krümelfutter herzustellen, sollten Sie sich überlegen, eine eigene Schrotmühle, einen sogenannten Grünzeugschneider und eventuell sogar einen Muser zu kaufen. Bis auf den Muser, der fast immer einen Eigenbau darstellt, hat der Handel günstige Geräte im Angebot. Spätestens, wenn Sie einmal den Luxus dieser Geräte erlebt haben, wollen Sie möglicherweise nicht mehr darauf verzichten.

## Aus eigener Futtersuche

Hühner sind wie bereits erwähnt, den ganzen Tag auf Achse, wenn sie die Chance dazu haben. Sie picken, untersuchen und fressen so ziemlich alles, was ihnen vor den Schnabel kommt. Nicht nur Grasspitzen, sondern auch Insekten, kleine Schnecken, aber auch kleine Steinchen, vermodertes Holz usw. Je größer der Auslauf, desto mehr können die Hühner dort finden und desto weniger Futter nehmen sie dann im Stall auf.

## Ein Handvoll Körner zur Nacht

Last but not least der Abendsnack: Geben Sie Ihren Hühnern abends, bevor sie auf die Stange zum Schlafen gehen, ein paar Handvoll Getreidekörner in die Einstreu. Das hat zwei Vorteile: Zum einen gehen Ihre Hühner voller Begeisterung abends in den Stall und zum anderen regt der mit Körnerfutter gefüllte Kropf über Nacht die Verdauung an.

### Die Fütterung: ein Beispiel

Sie könnten Alleinfutter oder Legemehl plus Getreide ganztägig zur freien Aufnahme zur Verfügung stellen. Dazu machen Sie, wenn es Ihre Zeit zulässt, ab und zu etwas Krümelfutter und am Abend werfen Sie ein paar Hände voll einer reinen Körnermischung in die Einstreu. Hinzu kommt das selbst gefundene Futter in Form von Gras und Kräutern sowie kleinen Insekten und Würmern aus dem Auslauf.

## Wasser zum Trinken

Hühner brauchen Wasser. Sie haben dabei eine Vorliebe für kühles Wasser. Ab einer Wassertemperatur von 20 °Celsius nehmen sie es nur noch sehr ungern auf. Gerade zur heißen Jahreszeit tun Sie Ihren Hühnern also etwas Gutes, wenn Sie mehrmals täglich frisches Wasser anbieten.

So hohes Gras scheint zwar ein Paradies zu sein, doch kann es im schlimmsten Fall beim Fressen zu Knäuel im Kropf kommen.

Umso unverständlicher kann es auf Sie wirken, dass Hühner aus jeder Wasserpfütze trinken. Hier scheint die Wassertemperatur auf einmal keine Rolle mehr zu spielen. Wie kann das sein? Der Grund liegt wahrscheinlich daran, dass dieses Wasser nicht wie unser Trinkwasser aufbereitet ist.

Hühner tauchen beim Trinken ihren Schnabel ins Wasser, heben den Kopf an und lassen das Wasser dann in den Schlund laufen. Sie trinken also nicht in saugenden Zügen. Aus diesem Grund ist es sinnvoll, wenn das Wasser so steht, dass der Schnabel bequem eingetaucht werden kann.

Eine automatische Tränke im Schatten, die sogar an einen Wasserschlauch angeschlossen ist, spart dem Halter viel Arbeit.

# Junghühner anschaffen

Als Neulinge in der Hühnerhaltung ist es am einfachsten, wenn Sie sich junge Hühner anschaffen, die „aus dem Gröbsten raus sind". Küken, so niedlich und billig sie auch sein mögen, sind für Anfänger nicht so geeignet. Man bräuchte spezielles Equipment und auch starke Nerven, denn nicht alle Küken überleben.

Hühner sind „aus dem Gröbsten raus", wenn sie vollständig befiedert sind; je nach Rasse und Farbenschlag ist das ab etwa der zehnten Lebenswoche der Fall. Spätestens dann ist auch klar, welches Geschlecht die Tiere haben. Denn während in der Wirtschaftsgeflügelzucht Spezialisten bereits beim Eintagsküken das Geschlecht erkennen, indem sie die Kloake umstülpen – Sexen genannt –, müssen Hobbyhalter deutlich mehr Geduld haben, und zwar so lange, bis entweder die charakteristische Gefiederfarbe oder die Herausbildung von Kamm und Kehllappen das Geschlecht verraten. Eine Ausnahme machen sogenannte kennfarbige Hühnerrassen. Sie sind ein Relikt aus der Zeit, als das Sexen noch unbekannt war. Diese Hühner waren eine echte Revolution! Bei ihnen sieht man bereits am Kükenflaum, ob es ein Hahn oder eine Henne ist. Das gilt im Übrigen auch für alle Hühnerrassen, die den sogenannten Sperberfaktor tragen, also ausgewachsen ein mehr oder weniger gesperbertes Gefieder tragen.

### Kennfarbigkeit

Bei diesen Rassen erkennt man schon bei wenigen Tage alten Küken das Geschlecht:

- Deutsche Lachshühner (unterschiedliche Gefiederfärbung)
- Amrocks, Deutsche Sperber (unterschiedliche Flaumfärbung am Kopf)
- Italiener, kennfarbig; Niederrheiner, kennsperber (unterschiedliche Flaumfärbung am Rücken)

Merken Sie sich ansonsten die folgenden Merkmale, um Hähne von Hennen zu unterscheiden. Man kann sie bereits bei jungen Tieren, im Alter von acht bis zehn Wochen, erkennen. Je älter sie sind, desto sicherer gelingt gerade Anfängern das Unterscheiden; erfahrene Züchter schaffen das mit einer Trefferquote

Eine Sebright-Henne.

von über 99 Prozent bei so jungen Tieren. Wenn Sie mehrere Jungtiere zusammen sehen, fallen Ihnen bei fast allen Rassen einige Tiere auf, die bereits einen leicht rötlichen Ansatz am Kopf haben. Das sind mit Sicherheit junge Hähne. Auch ein Ansatz von Kehllappen seitlich unter dem Schnabel deutet fast immer darauf hin. Das sicherste Merkmal ist jedoch das Gefieder: Hähne haben um den Hals herum, im sogenannten Halsbehang, und am Sattelgefieder auf dem Rücken spitz auslaufende Federn; Hennen zeigen dagegen runde Federn. Einzig bei den Sebrights, einer der kleinsten Hühnerrassen, funktioniert diese Methode nicht, denn der Hahn zeigt keine männliche Gefiederausprägung – der Fachmann nennt das hennenfiedrig.

Sind die jungen Hühner erst einmal voll befiedert, haben sie den anstrengendsten Teil ihrer Jugend hinter sich – ein optimaler Zeitpunkt, sie in Ihr Zuhause zu holen. Nun geht es im Grunde nur noch darum, dass Sie sie ordentlich weiter aufziehen.

Je nach Futterkonzept werden sie von Kükenfutter zu Junghennenfutter umgestellt. Selbstverständlich kann man schon im Alter von drei bis vier Monaten auch Krümelfutter dazufüttern (Seite 43). Haben Ihre Jungtiere dann noch Freilauf in einem gut bewachsenen Auslauf, werden sie sich prächtig entwickeln. Das gilt vor allem, wenn Küken und damit Jungtiere „ins Jahr hineinwachsen“, das heißt im Frühling schlüpfen und in den milden, warmen Monaten erwachsen werden. Nur dann haben sie optimale Bedingungen. Umso mehr bedauern wir Eintagsküken, die in den sozialen Medien noch im August und September gezeigt werden. Sie wachsen in der kalten Jahreszeit auf, in der die wärmende Kraft der Sonne und ein schöner Auslauf mit viel Grün eigentlich komplett fehlen. Dass diese Tiere weniger widerstandsfähig in ihren ersten Winter und vielleicht sogar in ihr ganzes Leben gehen als „Frühlingsküken", leuchtet ein.

Junge Hennen fangen mit rund sechs Monaten mit dem Eierlegen an. Einige etwas früher, einige etwas später. Das hängt mit den Aufzuchtbedingungen und der damit verbundenen körperlichen Entwicklung, den Haltungsbedingungen, dem Licht und nicht zuletzt mit der Rasse zusammen. Eine auf Legeleistung getrimmte Hybridhenne wird bestimmt etwas früher legen als eine Brahma-Henne, die überhaupt erstmal auf ihre gigantische Körpergröße heranwachsen muss, bevor sie ans Eierlegen denken kann.

Sie sollten bei der Aufzucht ein allzu schnelles Wachstum vermeiden, wenn Sie an Ihren Tieren über mehrere Jahre Freude haben wollen. Denn wächst eine Henne zu schnell und wird dabei zu schwer, kann es sein, dass sie im wahrsten Sinne nicht mehr auf die Beine kommt. Sie sitzt dann in der Hocke; die Beine tragen das Gewicht nicht, was auf zu weiche Knochen und nicht gefestigte Bänder zurückzuführen ist. Aus diesem Grund sollten die Tiere zunächst schlank heranwachsen und erst später Gewicht zunehmen.

Hennen, die bereits am Beginn Ihrer Legetätigkeit stehen, sind die Alternative zu frisch befiederten Junghennen. Sie kosten meist etwas mehr (da sie der Züchter länger füttern und aufziehen musste), legen aber nicht selten bereits in der Transportkiste das erste Ei für Sie. Auch hier sind Hennen, die „ins Jahr hineinwachsen durften" die gesünderen. Sie sind im Frühjahr geschlüpft, wurden über den Sommer aufgezogen und werden frühestens ab dem Frühherbst als legereife Junghennen abgegeben. Im Herbst legen diese dann im noch recht ordentlich und kommen im darauffolgenden Frühjahr erst so richtig in ihre erste Legeserie. Auch diese einjährigen Hennen geben die Züchter manchmal ab. Sie sind bestens ernährt, gepflegt und auf ihrem Lege-Höhepunkt. Gerade an solchen Hennen können Sie viel Freude haben.

# Eigener Nachwuchs

Einige Hühnerliebhaber wollen einmal in ihrem Leben selbst Küken ausbrüten, oder sagen wir besser ausbrüten lassen. Wenn Sie die wichtigsten Fragen – was tun mit überzähligen Küken und vor allem überzähligen Hähnen – geklärt haben, steht diesem Abenteuer eigentlich nichts im Weg.

Um es gleich zu Beginn zuzugeben: Es ist ein ungeheuer tolles Gefühl, solche kleinen Flauschbällchen zu besitzen – da geht jedem das Herz auf. Doch gleich kommt schon das Aber: So niedlich-kuschelig bleiben Küken nur kurze Zeit. Wenn sie ihre Federn bekommen, sehen sie schon nicht mehr so süß aus, sondern ehrlich gesagt recht zerzaust. Als Schwierigkeit kommt hinzu, dass die Geschlechterverteilung in den seltensten Fällen so ausfällt, wie man es sich wünscht. Jeder will Hennen und keiner will Hähne (oder höchstens einen einzigen)! Jeder, der schon einmal Küken hatte, kann ein Lied davon singen. Jedenfalls tritt die theoretische Voraussage „50 Prozent Hähne und 50 Prozent Hennen" –

Bei großen und schweren Rassen, wie diesen Orpington, kann ein spezieller Hühnersattel die Hennen vor Verletzungen beim Tretakt schützen.

Die Deutsche-Wyandotten-Glucke zeigt ihren Küken, wo es etwas zu fressen gibt.

und das ist problematisch genug – nur bei sehr großen Tierzahlen annähernd so auf. Bei kleinen Nachzuchten können auch schon mal sieben Hähne und eine Henne schlüpfen. Züchter sprechen gerne von Hennen- und Hähnenjahren, wenn wieder einmal zu viele von einem Geschlecht schlüpfen. Und was dann? Schlachten? Einen kurzen Exkurs dazu finden Sie auf Seite 141.

Eine weitere Problematik ist die Anzahl der Nachkommen – auch da hält sich die Natur an keinen Plan. Wir kennen Personen, die wollten fünf Küken – fünf Hennen natürlich – und haben genau fünf Eier zum Brüten ausgewählt. Das Ergebnis können Sie sich denken. Wenn es so einfach und vor allem planbar wäre, würden alle, die sich mit Hühnerzucht befassen, vor Begeisterung an die Decke springen. Leider sieht die Realität anders aus. Und man kann auch keine Quote nennen, wie viele Eier man mehr ausbrüten lassen sollte, um die „Verluste" auszugleichen. Wer Eier in Reserve ausbrüten lässt, kann ebenfalls eine Überraschung erleben, wenn dann aus all diesen Eiern gesunde Küken schlüpfen und man plötzlich mehr Tiere hat, als man haben will oder auch im ausgewachsenen Zustand unterbringen kann. Seien Sie also auf alle Eventualitäten vorbereitet und gehen Sie nicht blauäugig an die Sache heran, denn man hat es schließlich mit echten Lebewesen zu tun!

Man unterscheidet zwei verschiedene Brutvarianten: einmal die Naturbrut unter der Henne und einmal die Kunstbrut in einem Brutapparat.

## Naturbrut

Man könnte meinen, dass die Naturbrut die natürlichere, sprich bessere Variante ist. So einfach ist es aber nicht. Denn schließlich schreiten nicht alle Hennen zur Brut. Es gibt Rassen, die haben schlicht keinen Bruttrieb. Den hat man ihnen mühsam weggezüchtet, um die Legeleistung zu steigern. Weil man merkte, dass Hennen, die brüten oder Küken führen, keine Eier legen, versuchte man bei vielen Rassen die Neigung zum Brüten zu minimieren bis hin zum gänzlichen Verlust des Bruttriebs. Hennen von Rassen mit starkem Bruttrieb sind in der Regel generell schlechtere Leger. Wer unbedingt eine Naturbrut erleben will, aber keine Rasse besitzt, die brütet, kann sich Hennen von Rassen mit Bruttrieb besorgen.

### Hühnerrassen mit gutem Bruttrieb

Zwerg-Cochin, Chabo oder Seidenhühner: Hennen dieser Rassen sind gute Brüterinnen. Sie sind so zuverlässig, dass man ihnen früher auch wertvolle Fasaneneier zum Bebrüten unterschob.

Der Erfolg der Naturbrut steht und fällt mit der richtigen Henne. Wann aber ist eine Henne brütig? Das müssen Sie lernen zu erkennen.

Die Henne legt wie üblich ihr Ei in ein Nest, bleibt aber meistens schon zu Beginn etwas länger sitzen. Kommen Sie dazu, wird sich die Henne richtig aufplustern und eventuell sogar mit dem Schnabel nach ihnen picken. Dennoch verlässt sie immer wieder regelmäßig das Nest. Nehmen Sie das Ei weg, reicht das bei manchen Hennen schon, den Bruttrieb wieder zu vernachlässigen. Erst wenn der komplette Satz Eier gelegt ist (und die Henne „entscheidet", wann das der Fall ist), bleibt sie dauerhaft auf ihnen sitzen. Auch äußerlich zeigen sich Veränderungen an der Henne: Der Kamm bildet sich deutlich zurück und die Henne sieht matt aus.

Wer die Auswahl der Eier, die die Henne ausbrütet, steuern will, zum Beispiel, weil er Nachkommen verschiedener Hennen ausbrüten lassen will, kann jeden Tag das gelegte Ei zunächst durch ein Nestei, also ein künstliches, meist aus Kunststoff gefertigtes Ei, austauschen. Parallel dazu müssen Sie nun die Eier, die Sie ausbrüten lassen wollen, sammeln. Die Rasse, die ausgebrütet wird, ist der Bruthenne völlig egal. Es muss nicht die Rasse sein, der sie selber angehört, ja, die Eier müssen noch nicht einmal ihrer eigenen Eierschalenfarbe entsprechen. Selbst Enteneier werden von Hühnern zuverlässig ausgebrütet.

Es ist gut, der Henne einen ruhigen Brutplatz zur Verfügung zu stellen: Bereiten Sie ihr dort ein Nest, das Sie mit viel Stroh dick auspolstern. Ideal ist es,

### Bruteier sammeln und lagern

Die gewünschte Anzahl an Eiern haben Sie in den seltensten Fällen an einem Tag frisch zur Verfügung. Sie müssen die Eier also über einen längeren Zeitraum sammeln. Älter als 12 Tage sollten Sie nicht sein, sonst nimmt die Chance auf eine Entwicklung des Keimlings stark ab.

- Die Eier möglichst frisch aus dem Nest nehmen.
- Mit der Eispitze nach unten in eine Eierschachtel setzen.
- Nicht zu kalt, nicht zu warm: idealerweise in ein nicht beheiztes Zimmer stellen.
- Täglich einmal um 180 ° um die Längsachse drehen.
- Nicht im Hühnerstall lagern! Selbst wenn keine Kältegefahr droht, wird sich Staub auf der Schale absetzen, in die Eiporen dringen und den Luftaustausch erschweren.

wenn Sie zum Beispiel einen leer stehenden Kaninchenstall zur Verfügung haben. Auch im Hühnerstall können Sie eine Ecke herrichten. Doch müssen Sie die Brutstelle vor den anderen Hennen schützen. Ganz ohne kleinere bauliche Maßnahmen kommen Sie also nicht aus.

Wenn die Henne es sich dort wohnlich eingerichtet hat, können Sie ihr die gewünschte Anzahl an Eiern unterschieben. Auf jeden Fall muss die Henne die Eier komplett abdecken können. Damit ist klar, dass große Rassen mehr Eier bebrüten können als kleine Zwerghühner. Spätestens jetzt ist aus der Henne eine Bruthenne, eine Glucke, geworden.

Gute Bruthennen sitzen so fest, dass sie sogar das Fressen und Saufen und auch das Koten „vergessen". Hier sind Sie gefragt: Mindestens einmal täglich müssen Sie die Henne vom Nest holen, sie füttern und tränken. Fast wichtiger ist allerdings, dass sich die Henne während dieser Zeit löst. Sie werden von der Kotmenge überrascht sein. Passiert das auf dem Nest, haben Sie ein echtes Problem. Sie müssen die Eier ganz vorsichtig reinigen beziehungsweise den Kot vorsichtig entfernen. Auf keinen Fall dürfen Sie mit Tüchern vorgehen und den Kot in die Poren einreiben. Also lieber die Henne täglich zum Lösen vom Nest nehmen. Keine Sorge, innerhalb der kurzen Zeit der Abwesenheit der Henne nehmen die Eier keinen Schaden – im Gegenteil, etwas frische Luft ist sogar gut.

Der große Vorteil bei der Naturbrut ist, dass Sie sich um die Temperatur, die Luftfeuchtigkeit, das Wenden der Eier und den Schlupfvorgang nicht kümmern müssen. Um all das kümmert sich die Henne.

Sinnvoll ist dennoch eine gewisse Kontrolle. Nach etwa acht Tagen, wenn die Henne gerade beim Fressen ist, nehmen Sie die Eier und durchleuchten sie mit einer sogenannten Schierlampe. Der Vorgang wird „schieren" genannt. Am Anfang fehlt Ihnen zur zuverlässigen Beurteilung die Erfahrung. Fragen Sie also beim ersten Mal einen erfahrenen Züchter um Rat. Bald erkennen Sie aber recht schnell, ob ein Ei befruchtet ist oder nicht. Wenn das Ei befruchtet ist, zeichnet sich ein deutliches Blutgefäßgebilde darin ab. Komplett hell durchscheinende Eier sind nicht befruchtet und sollten aus dem Nest entfernt werden. Das gilt auch für Eier, die einen Frostschaden haben. Sie haben einen markanten Blutring, der an der inneren Eischale sichtbar ist.

Nach 21 Tagen Brutzeit schlüpfen die Küken und trocknen unter der Glucke ab. Gleich danach geht die Glucke mit ihren Küken auf Wanderschaft. Und sofort fällt auf, wie eng die Beziehung zwischen ihnen ist. Es herrscht absolute Vertrautheit. Diese Bindung wurde schon geschmiedet, als die Küken noch im Ei waren und Laute ausgetauscht wurden.

Zu Beginn sollten Sie die Glucke mit ihren Küken noch im direkten Umfeld des Nestes lassen. Dort sollten sie Wasser und Futter finden. Geben Sie das Futter am besten auf einen flachen Teller, sodass die Küken es leicht fressen können. Sie können sogar die unbefruchteten Eier abkochen und unters Futter mischen.

Mit der Zeit können Sie Ihren Küken einen etwas größeren Radius bieten. Aber aufgepasst: Obwohl die Glucke ihre Küken vehement verteidigt, können

Ein kleiner Brutapparat übernimmt das, was sonst die Glucke tut.

andere Hennen sie picken und sogar töten. Andere wiederum sind so sozial und es entwickelt sich eine einzige große Hühnerfamilie – hier müssen Sie einfach beobachten. Vor allem in den ersten Tagen ist es aber sinnvoll, die Glucke mit ihren Küken von den anderen Hennen zu trennen. Bewährt hat sich auch ein Gitter, durch das die Küken schlüpfen können, die Hennen aber nicht hindurchpassen – sozusagen als sicherer Rückzugsort.

## Kunstbrut

Wünschen Sie sich größere Stückzahlen an Küken oder halten Sie nur Rassen, die keinen Bruttrieb haben, werden Sie an einem Brutapparat nicht vorbeikommen. Der Fachhandel bietet heute schon sehr kleine und handliche Maschinen an, die absolut zuverlässig sind. Auch vom Preis her sind sie relativ günstig. Der Brutapparat nimmt Ihnen eigentlich alle Aufgaben ab. Er regelt vollautomatisch die Temperatur, wendet die Eier im vorgegebenen Rhythmus und einige Exemplare ziehen sogar automatisch die richtige Wassermenge, um die Luftfeuchtigkeit zu steuern. Ein Gefäß mit Wasser reicht aber auch aus.

Bewährt hat sich eine Bruttemperatur von 37,8 °C. Etwas größere Brutapparate (die übrigens auch für den Hobbyhalter durchaus praktikabel sind, sofern man die Absicht hat, mehrere Bruten hintereinander zu machen) haben neben dem eigentlichen Brutraum einen separaten Schlupfbrüter. In gewisser Weise sind das also zwei Brutmaschinen in einer: Während sich unten der Vorbrüter befindet, sitzt der Schlupfbrüter darauf – beide können unabhängig voneinander gesteuert werden. Hat man einen separaten Schlupfbrüter, gehen immer mehr Züchter dazu über, hier die Temperatur nur noch bei 37,5 °C zu halten. Beim Schlupfvorgang der Küken entwickeln sich die fehlenden 0,3 °C von selbst.

Die Luftfeuchtigkeit hält man beziehungsweise der Apparat durchweg bei etwa 60 Prozent. Abweichungen sind allerdings durchaus möglich und man hat trotzdem einen perfekten Schlupf. Je nach Rasse und sogar Farbenschlag hat man unter Umständen sowieso Unterschiede im Schlupfverhalten.

In der Regel geht man folgendermaßen vor: Man stellt die Parameter ein und lässt die Brutmaschine einen Tag vorlaufen. Dann legt man die Eier ein, schaltet aber die sogenannte Wendeautomatik erst am zweiten Tag dazu. Nach spätestens sieben Tagen kann man die Eier wie bei der Naturbrut (Seite 51) schieren, um unbefruchtete Eier aussortieren zu können. Am 18. Tag werden die Eier dann entweder in den separaten Schlupfbrüter, sofern man einen hat, umgelegt oder die Rollhorden durch Schlupfhorden ausgetauscht. Viele Brutapparate haben einen separaten, zweiten Raum, der nur zum Schlüpfen genutzt wird. Beim Umlegen ist darauf zu achten, dass die Eier so dicht liegen, dass sie nicht wegrollen können. Sonst könnten die Küken beim Schlüpfen Probleme bekommen.

Während des Schlüpfens sollten Sie die Brutmaschine nur ganz selten öffnen, um die leeren Schalen herauszunehmen. Die Küken sollten relativ lange im Brutapparat bleiben. Erst wenn sie vollkommen trocken sind, nimmt man sie heraus.

### Beim Schlüpfen nachhelfen?

Auch wenn es sich herzlos anhört: Unterlassen Sie bitte jegliche Hilfe beim Schlüpfen. Wenn ein Küken es nicht aus eigener Kraft schafft, dann ist es in der Regel leider zu schwach zum Überleben.

## Küken aus dem Brutapparat

Bereiten Sie bitte das Kükenheim schon vor dem Schlupf vor. Denn die komplette Aufzucht liegt in Ihren Händen – eine Glucke gibt es in diesem Fall ja nicht. Gestalten Sie das Kükenheim rund, also ohne Ecken. Sonst kann es vorkommen, dass sich die Küken darin sammeln und gegenseitig erdrücken.

Wärme ist das A und O. Gleich von Beginn an müssen die Küken gegen Kälte von unten geschützt werden. Wellpappe oder auch eine dicke Schicht Hobelspäne, kurz geschnittenes Stroh oder Hanf funktionieren. Außerdem brauchen sie eine zuverlässige Wärmequelle von oben. Entweder Sie nehmen spezielle Wärmeplatten oder einen sogenannten Dunkelstrahler. Auf eine Rotlichtquelle sollten Sie möglichst verzichten, da sich hier die Gefahr des Federpickens erhöht.

Wenn Sie eine Rotlichtlampe für die Kükenaufzucht verwenden, beobachten Sie die Küken sehr genau, um Federpicken vorzubeugen.

Die richtige Temperatur unter der Wärmequelle ist dann gegeben, wenn sich die Küken gleichmäßig darunter verteilen. Hocken Sie eng auf einem „Haufen“ zusammen, ist es zu kalt. Sitzen sie im Ring weiter entfernt um die Wärmequelle,

ist es zu heiß. Beobachten Sie hier genau und regulieren Sie entsprechend. In Gradzahlen heißt das, dass in der ersten Lebenswoche 30–32 °C vorherrschen müssen. Pro weiterer Lebenswoche können dann je 2 °C weniger ausreichen.

## Küken und Junghühner füttern

Und was fressen Küken und heranwachsende Hühner? Küken von Hybridhühnern sollten Sie bis zum legereifen Alter mit speziellem Kükenfutter füttern. Das ist optimal auf die Bedürfnisse von Hybridküken abgestimmt. Ob Sie sich dabei für Kükenmehl oder -pellets entscheiden, bleibt Ihnen überlassen. Mehl wird lieber gefressen.

Für Küken alter Hühnerrassen, überhaupt bei traditionellen Rassehühnern, ist das reine Kükenfutter oft zu eiweißreich, was zu Durchfall führen kann. Besonders gewissenhafte Halter geben den Küken in den ersten Tagen zusätzlich zum Kükenfutter Getreidegrütze und zerkleinerte hart gekochte Eier. Alles zusammen bringt die Verdauung schnell in Schwung.

Da gerade Küken für Infektionen mit Kokzidien anfällig sind, was unter Umständen zu massiven Kükenverlusten führen kann, füttern einige Halter ihren Küken Futter mit Kokzidiostatika. Das ist ein Medikament, das dem Futter zugesetzt wird und die Kokzidieninfektion verhindert. Dies ist vor allem dann hilfreich, wenn man die Küken nicht gegen Kokzidien impft. Entscheiden Sie sich für Kükenfutter mit Kokzidiostatika, müssen Sie unbedingt das Mindesthaltbarkeitsdatum im Auge behalten. Ist dieses abgelaufen, sollten Sie das Futter nicht mehr anbieten.

Selbstverständlich können Sie die Küken auch ohne Kokzidiostatika oder Impfschutz aufziehen. Dann müssen Sie aber die Kleinen ganz genau beobachten: Ein eingezogener Kopf, struppiges Gefieder, leicht geschlossene Augen und Durchfall sind sichere Indizien dafür. Sie sollten dann sehr schnell ein Medikament gegen Kokzidien vom Tierarzt zur Hand haben.

# Nutzen

Hühner bringen Ihnen nicht nur Freude und Entspannung im täglichen Umgang, sondern auch Nutzen in Form von Eiern und vielleicht sogar Fleisch. Daher gehören sie offiziell zu den Nutztieren.

Auch wenn Sie Ihre Hühner nur der Freude wegen halten wollen, werden Sie zumindest die Eier zu schätzen wissen. Spätestens, wenn Sie zum ersten Mal die Eier Ihrer eigenen Hühner gegessen haben, wollen Sie darauf nicht mehr verzichten. Wahrscheinlich ginge es Ihnen beim Fleisch ebenso, aber die Entscheidung fürs Schlachten fällt schwerer.

## Eier

Wer privat ein Grüppchen Hennen hält, der freut sich sicherlich vor allem über die Eier. Vielen Hühnerrassen wurde der Bruttrieb weggezüchtet, sodass sie nicht mehr brüten und demzufolge auch nicht mehr wochenlang mit dem Eierlegen aussetzen (mehr dazu auf Seite 14). Meistens handelt es sich dabei um klassische Legerassen. Sie legen durchschnittlich zwischen 150 und 220 Eier im Jahr, dabei aber maximal ein Ei pro Tag. Legehybriden legen unter optimalen Rahmenbedingungen deutlich mehr als 300 Eier pro Jahr, jedoch fällt ihre Legeleistung nach dem ersten Jahr rapide ab. Und überhaupt muss man sich überlegen, ob man Ziele und Umsetzung der Hybridhühnerzüchtung unterstützen und auf diese Weise „produzierte" Tiere im Stall haben will (mehr dazu auf Seite 12).

Hühnereier in verschiedenen Farben: Obwohl von den Inhaltsstoffen identisch, gefällt es vielen Liebhabern einfach, solch bunten Ei-Variationen aus den Nestern zu holen.

Zweinutzungshühner wie Amrocks, New Hampshire oder Welsumer (Seite 14) legen immerhin im Schnitt noch 130 bis 170 Eier pro Jahr, punkten zusätzlich auch noch mit einem guten Fleischansatz, sodass diese Rassen – sofern man auch schlachten möchte – im wahrsten Sinne eine Zwei-Nutzung bieten: Eier und Fleisch.

Die Eierschalenfarben variieren von Rasse zu Rasse, zum Teil sogar ganz erheblich: vom strahlenden Weiß über einen zarten Creme- oder Rosaton, Hellbraun mit dunklen Pünktchen, Dunkelbraun, Schokoladenfarben bis ins Türkisgrüne, mit glatter glänzender Schale, rauer Schale usw. Die Ernährung der Tiere hat dabei keinen Einfluss auf die Eierfarbe (wie manchmal angenommen wird), sondern ist genetisch in der Rasse verankert. So vielfältig das Äußere, so vergleichbar das Innere: In den Inhaltsstoffen sind die Eier gleich! Braune Eier sind in Deutschland besonders beliebt. Sie vermitteln den Eindruck von Natürlichkeit – obwohl es dafür keinerlei Rechtfertigung gibt. Umso interessanter ist die Tatsache, dass das in der Industrie meistverarbeitete Ei weiß ist. Das hängt damit zusammen, dass die legefreudigsten Hybridhühner weiße Eier legen.

Die Eierschalenfarbe können Sie übrigens schon erkennen, wenn Sie die Henne anschauen. Dass die Gefiederfarbe über die Schalenfarbe bestimmt, ist ein Märchen. Es gibt schwarze Hennen, die weiße Eier, und weiße Hennen, die braune Eier legen. Entscheidend ist die Farbe der Ohrscheiben beziehungsweise der Ohrlappen, also der Hautlappen unterhalb der Ohröffnungen. Sind diese rot, bedeutet das, die Henne legt braune Eier. Sind sie weiß, legt sie weiße Eier. Die genaue Farbnuance kann variieren. Hennen mit roten Ohrscheiben beispielsweise legen je nach Rasse hell- bis schokoladenbraune Eier. Die Intensität des Farbtons sieht man den Hennen äußerlich nicht an. Auch innerhalb der Rassen gibt es etwas Spielraum. Gerade bei braunen Eiern können Sie bei mehreren Hennen einer Rasse eine gewisse Varianz feststellen. Mit zunehmender Legetätigkeit wird die Eierfarbe etwas heller werden.

### Ausgesprochen gute Legerassen

- Amerikanische Leghorn: bis zu 230 Eier weiße Eier pro Jahr
- Italiener: bis zu 230 weiße Eier pro Jahr
- Westfälische Totleger: rund 150 Eier weiße Eier pro Jahr
- Lakenfelder: rund 140 Eier weiße Eier pro Jahr
- Hamburger: rund 130 weiße Eier pro Jahr

Schöne türkisfarbene Eier legen übrigens nur Araucana und Zwerg-Araucana. Die sogenannten Grünleger sind nur eine „billige Kopie“ der Wirtschaftsgeflügelzüchter, um hier etwas im Portfolio zu haben. Araucana sehen mit ihrem fehlenden Schwanzgefieder wirklich exotisch aus und bereichern jede Hühnergruppe – wenn man grüne Eier haben will, was nicht jedermanns Sache ist. Trotz ihres außergewöhnlichen Aussehens sind Araucana ganz normal zu halten, auch mit anderen Hühnerrassen zusammen.

### Wissenswertes über das Frühstücksei

- Eier haben einen besonderen Eigengeschmack, er entwickelt sich am intensivsten zwischen fünf und sieben Tagen nach dem Legen und ist am prägnantesten bei einem weich gekochten Ei zu schmecken.
- Eier sollten nie zu kalt gelagert werden. Am besten in einem Raum bei 8–10 °C lagern.
- Am besten auf der Ei-Spitze lagern, damit die Luft aus der Luftkammer am runden Ei-Ende nicht aufsteigen kann.
- Frische Eier haben beim Aufschlagen einen hoch aufgewölbten Dotter, ältere Eier einen flachen. Bei ihnen ist auch die Luftblase viel größer, da bereits viel Wasser aus dem Eiinneren verdunstet ist.

Übrigens legen Hennen, die ohne die Gesellschaft eines Hahns gehalten werden, auch Eier. Andersherum können Eier von Hennen, die mit einem Hahn zusammenleben (was bedeutet, dass die Eier befruchtet sein könnten), ebenfalls bedenkenlos gegessen werden.

Im Winter fahren viele Hennen ihre Eierproduktion herunter, manche Rassen legen dann gar nicht – die wohlverdiente Pause sei den fleißigen Hennen gegönnt. Um Ihre Hennen aber so lang wie im natürlichen Rahmen möglich am Legen zu halten, sollten Sie auf möglichst gleich bleibende Rahmenbedingungen achten. Jegliche Futterumstellung, Veränderungen der Lichtdauer und Stress im Stall durch neu hinzugesetzte Hennen oder Ungeziefer oder durch zu wenig Wasser können dazu führen, dass die Legeleistung deutlich sinkt. Schlimmstenfalls kommt es zur Halsmauser, also einem Wechsel der Halsbehangfedern. Sie ist ein deutliches Zeichen, dass die Tiere im Stress sind und es voraussichtlich weniger Eier geben wird.

## Fleisch

Eier essen ist für viele ein Genuss, erst recht, wenn sie von eigenen glücklichen Hühnern stammen. Das Essen ihres Fleischs steht für viele auf einem ganz anderen Blatt. Ob man den Fleischkonsum generell hinterfragt oder nur Fleisch artgerecht gehaltener Tiere essen möchte: Das Schlachten(lassen) der eigenen Hühner ist für viele Halter ein schwieriges Thema. Das muss jeder für sich entscheiden. Fakt ist, dass Hühnerfleisch sehr bekömmlich und schmackhaft ist.

Bei Hühnern unterscheidet man Fleisch von Stubenküken, Hähnchen und Suppenhühnern. Stubenküken sind eine Nische aus vergangenen Zeiten und erleben derzeit eine gewisse Wiederbelebung in der Feinschmeckerküche. Darunter versteht man sehr junge Hühner, die früher in der Stube aufgezogen wurden, heute natürlich in einem Stall. Als Hähnchenfleisch wird das Fleisch von Tieren bis zu etwa einem Lebensjahr bezeichnet – und zwar von Hähnen und Hennen! „Ausgediente" Legehennen und mehrjährige Hähne können zu Suppenhühnern werden. Vertretern der Wirtschaftsgeflügelzucht dreht sich bei dieser Einteilung bestimmt der Magen um. Ein dort produziertes Hähnchen wird in rund 30 Tagen schlachtreif gemästet. Ein ein Jahr altes Masthähnchen wäre bei dieser Art der Aufzucht auch schlicht und einfach nicht mehr fähig zu stehen.

Überhaupt müssen Sie gedanklich einen krassen Schnitt zwischen Fleisch aus der konventionellen Aufzucht und dem Fleisch Ihrer Tiere machen. Dazwischen liegen wirklich Welten. Viele Menschen haben eine klare Vorstellung von Hähnchenfleisch und das entspricht leider häufig dem der Wirtschaftsgeflügelzucht, weil sie sich einfach an blasse, zarte, aber „geschmacksneutrale" Hühnerbrust und Co. gewöhnt haben. Das Fleisch Ihrer eigenen Tiere ist viel fester, hat mehr Struktur und hat vor allem einen typischen Hähnchengeschmack. Nun könnte man meinen, dass sich hinter dem Begriff Hähnchenfleisch immer das Fleisch von männlichen Tieren verbirgt. Das stimmt aber nicht. Früher war es schlicht und einfach so, dass die Hennen zum Legen behalten und die Hähne geschlachtet wurden – daher wahrscheinlich noch der Name. Grundsätzlich ist zwischen dem Fleisch von Hähnen und Hennen kein großer Unterschied. Die Hennen setzen etwas mehr Fett an und die Hähne werden etwas schwerer. Das Fleisch beider Geschlechter kann zum Braten verwendet werden. Genauso gut können beide Geschlechter als Suppenhuhn verwendet werden, allerdings hat das Fleisch der Hennen einen Vorteil: der höhere Fettanteil. Will man bei einer schönen Hühnersuppe doch gerade das Fett mit seinen Inhaltsstoffen als natürliches Antibiotikum und zur Stärkung des Immunsystems haben.

Im Handel werden fast ausschließlich die Hähnchenbrust und die Schenkel angeboten, die Flügel erst, seit jemand auf die geniale Idee gekommen ist, diese zu frittieren und als Chicken Wings zu bezeichnen. Als verantwortungsbewusster Fleischkonsument sollte man allerdings einen Schritt weiter gehen – oder sagt man besser „zurück gehen"? Die ausschließliche Verwertung vermeintlich wertvoller Teilstücke des Tieres wie Brust und Schenkel, ist nicht mehr zeitgemäß. Es sollte schon alleine aufgrund der Ethik nicht mehr so praktiziert werden. Unter dem Begriff Nose to Tail (also „Nase bis Schwanz") besinnt man sich wieder darauf, den gesamten Schlachtkörper zu nutzen und damit das Tier, das sein Leben lassen musste, in seiner Gänze zu würdigen. Früher war das Wegwerfen bestimmter Fleischpartien schon aus finanziellen Gründen undenkbar und daher findet man vor allem in alten Kochbüchern interessante Rezepte. Immer mehr Köche und Verbraucher entdecken Nose to Tail für sich.

**Klassische Fleischrassen**

- Deutsche Lachshühner, Orpington, Houdan, Mechelner, Sulmtaler

## Mist für den Garten

Nicht zu vergessen: Auch die Hühnerhaufen haben einen gewissen Nutzen. In frischem Zustand ist Hühnermist zu „scharf", wie die Gärtner sagen. Gemeint ist seine ätzende Wirkung. Aus diesem Grund sollten Sie den Hühnermist immer zunächst kompostieren. Idealerweise vermischen Sie ihn mit Grasschnitt, anderen Gartenabfällen und der Einstreu aus dem Stall. Ein so durchmischter Kompost verrottet sehr schnell und sorgt in Ihrem Garten für die nötige Stickstoffversorgung. Sollten Sie zu viel davon haben, finden Sie bestimmt Hobbygärtner, die Ihnen Ihren Hühnermist gerne abnehmen.

# Enten

# Enten halten

Viele Menschen wissen heute sehr wenig über Enten, manchmal reicht es kaum über die „Pekingente süßsauer" aus dem Restaurant hinaus. Nur ein heimlicher Star hat es die letzten Jahre in unsere Herzen und damit zu einem regelrechten Kultstatus geschafft: die Laufente.

Enten gehören zum Wassergeflügel. Ohne Wasser werden Enten einfach nicht froh, mal davon abgesehen, dass eine Haltung „auf dem Trockenen" auch gar nicht artgerecht wäre. Das ist das Allererste, was man sich vor der Anschaffung vor Augen führen sollte.

In vielen Dingen sind Enten ursprünglicher als Hühner, das heißt, sie sind nicht so hochgezüchtet. Während man von Hühnern früher schon möglichst viele Eier wollte, wurden an die Enten diesbezüglich nicht so hohe Erwartungen gestellt. Man freute sich zwar, wenn sie Eier legten, doch waren das Entenfleisch und die Federn eher der Ansporn zur Haltung.

Enten können eigentlich den ganzen Tag mehr oder weniger sich selbst überlassen werden. Abends kommen sie gerne zu ihrem Besitzer zurück – eine Futtergabe ist hier ein gutes Lockmittel. Haben sie einen Teich oder einen Bach zur Verfügung, finden sie viel Futter selbst, schließlich suchen sie den ganzen Tag mit ihrem Schnabel den Boden ab. Gerade bei Regenwetter wird das deutlich: Schnell ist aus einem kleinen Loch eine schlammige Stelle geworden.

Enten sind also genügsam, die Zufüttermenge bei erwachsenen Tieren ist bei einer selbstständigen Futtersuche im Freien überschaubar. Enten zeichnen sich in der Regel zudem durch eine äußerst stabile Gesundheit aus. Dennoch ist der Wirtschaftsfaktor bei der Ente nicht so groß wie beim Huhn. Die Anzahl an erzüchteten Entenhybriden, mit dem Schwerpunkt auf Fleischansatz, ist ungleich geringer. Ja, vielen ist gar nicht bewusst, dass es auch unter den Enten verschiedene Rassen gibt, auch wenn die meisten Hobbyhalter unterm Strich überwiegend keine Hybridenten, sondern klassische Entenrassen halten, wie Landenten (mit und ohne Haube), Sachsenenten, Warzenenten und eben auch die berühmten Laufenten.

Wie bei den Hühnern auch unterscheiden sich Entenrassen in Größe, Gewicht, Körperform sowie Gefiederfarbe und -zeichnung, den sogenannten Farbenschlägen. Sie unterscheiden sich zudem in ihrer Leistung beim Eierlegen (Seite 79). Darüber hinaus gibt es von Rasse zu Rasse Unterschiede in ihrem Wesen: von

den sehr ruhigen Rouen- oder Aylesburyenten bis zu den quirligen Laufenten mit ihrem stürmischen Bewegungsdrang. Große Unterscheide gibt es auch in ihrem „Mitteilungsbedürfnis". Die kaum 1 Kilo schweren Zwergenten kann man getrost als die „Plaudertaschen" unter den Enten bezeichnen, sie lassen ihr Geschnatter fast den ganzen Tag über hören – das muss man mögen und aushalten. Und das andere Extrem: Warzenenten, die nicht ohne Grund auch als Stummenten bezeichnet werden, können gar nicht schnattern! Ihre Lautäußerung ist eher eine Art Zischen oder Fauchen. Diese große Abweichung hängt mit ihrer Abstammung zusammen: Warzenenten sind Nachkömmlinge der in Südamerika wild lebenden Moschusente (die ebenfalls „stumm" ist), während alle anderen unserer Entenrassen von der heimischen Stockente abstammen, die jeder schon mal quakend auf einem Tümpel gesehen hat.

Hier watschelt ein schönes Grüppchen Pommernenten durch den Garten.

Warzenenten werden jedoch in erster Linie nicht wegen ihrer leisen, nachbarschaftsfreundlichen Laute gehalten, sondern wegen der guten Fleischqualität und weil sie als vorzügliche Brüterinnen gelten. Ihr Fleisch ist im Vergleich der Entenrassen recht fettarm, während die anderen Rassen sattes Fett unter der Haut einlagern. Heute geht der Trend zu eher fettarmem Fleisch – in früherer Zeit war gerade das Entenfett besonders begehrt. Entenschmalz galt als eine der Delikatessen in der Küche, gerade auch fürs Anbraten (mehr zum Nutzen des Entenfleischs auf Seite 79).

### Nicht ohne Hühner

Enten, die im Freiland gehalten werden, müssen Sie regelmäßig virologisch untersuchen lassen, das ist gesetzlich vorgeschrieben. Alternativ können Sie sie mit Hühnern, Zwerghühnern oder Puten als sogenannte Sentineltiere vergesellschaften (Ausführliches dazu auf Seite 114).

Eine weitere Besonderheit betrifft die klassische Pekingente. Diese gibt es in gleich zwei verschiedenen Rassen: die Deutsche Pekingente und die Amerikanische Pekingente. Diese wiederum haben nichts mit den oft auf Märkten oder in vielen asiatischen Restaurants angebotenen Pekingenten zu tun. Bei diesen handelt es sich fast immer um Enten aus reinen landwirtschaftlichen Nutzlinien – mehr oder weniger das Pendant zu den Hybridhühnern (Seite 12). Das gilt übrigens auch für die Mularden, die man bei einigen Händlern bekommt. Dabei handelt es sich um Kreuzungen zwischen Warzenenten und Stockenten-Abkömmlingen, die zwar unfruchtbar sind, sich aber durch eine hervorragende Fleischqualität auszeichnen. Um eine Entenrasse handelt es sich bei ihnen nicht.

Etwas ganz Anderes sind die sogenannten Zierenten, wie zum Beispiel Mandarinenten, Brautenten, Rotschulterenten usw. Bei ihnen handelt es sich um Wildarten, also Enten, die so in freier Wildbahn vorkommen – genauso wie bei uns die heimischen Stockenten. Bei ihnen geht es nicht um Eier oder gar Fleisch, sondern einzig und allein um die Freude an solchen Tieren.

### Everybody's Darling: Laufenten

Laufenten haben sich einen hervorragenden Ruf als Schneckenfresser erarbeitet. Dabei sind alle Entenrassen ganz versessen darauf. Was Laufenten noch so beliebt macht, ist ihr außergewöhnliches, besonders schlankes Erscheinungsbild und ihre fröhliche Agilität. Sie sind wirkliche Läufer, denn fliegen können sie nicht.

Noch ein Wort zum Namen: Immer wieder liest man von Indischen Laufenten, da man ihnen damit wohl etwas Unnahbares andichten wollte. Ursprünglich kommen sie wahrscheinlich aus Südostasien. Dieser Namenszusatz hat sich über Jahrzehnte erhalten, wenngleich er heute nicht mehr offiziell geführt wird. Richtig ist also schlicht und einfach: Laufenten.

Übrigens: Dass Ihre Enten bei der Schneckenjagd den Salat in Ihrem Gemüsebeet verschmähen werden, können Sie getrost ins Reich der Märchen verbannen ...

# Stall und Auslauf

Enten gehören zum Wassergeflügel und damit ist eines ihrer Hauptbedürfnisse mehr als eindeutig: Wasser. Es gibt kein anderes Element, das Enten so aus dem Häuschen geraten lässt wie Wasser. Daher ist Wasser im Auslaufbereich der Enten ein absolutes Muss.

Was für Hühner das Sandbad ist (Seite 33), ist für Enten das Wasserbad. Es ist für ihr Wohlbefinden im Allgemeinen und besonders für ihre Gefiederpflege unverzichtbar: Die Enten bringen im Wasser ihr Gefieder in Ordnung und fetten es dort mit dem Sekret aus der Bürzeldrüse ein. Dadurch erhält es diese Wasserundurchlässigkeit und seinen „Lotuseffekt". Daneben ist für die meisten Entenrassen eine Bademöglichkeit auch die Grundvoraussetzung für eine erfolgreiche Befruchtung. Hier ist ein nicht zu tiefes Wasser von Vorteil, vor allem bei schweren Entenrassen und einem „Erpelüberschuss" (über ein ausgewogenes Geschlechterverhältnis lesen Sie mehr auf Seite 18). Ansonsten kann es tatsächlich vorkommen, dass die Erpel die Enten beim Tretakt ertränken.

Das direkte Umfeld um den Teich sollte so gestaltet sein, dass die Verschmutzungen überschaubar sind. Das gefällt Mensch und Orpingtonenten.

Sie sollten Enten nur halten, wenn Sie ihnen eine Badegelegenheit bieten können. Ideal wären Bachlauf oder ein Teich, es geht aber auch eine Nummer kleiner: Eine eingegrabene Duschwanne mit täglich frischem Wasser ist sogar besser als ein Teich mit 1000 Litern, bei dem das Wasser nur sehr unregelmäßig getauscht werden kann. Lieber weniger, dafür frisches Wasser! Enten haben nämlich die Angewohnheit, im Wasser zu koten, was es sehr schnell schmutzig und regelrecht zur Jauche werden lässt. Vor allem bei warmen Temperaturen kann es hier zu einer massiven Geruchsbelästigung kommen. Haben Sie also kein natürliches Gewässer, dann überlegen Sie bitte im Vorfeld, inwieweit Sie bereit sind, das Wasser zu wechseln. Vergessen Sie dabei auch nicht, dass das eine gewisse finanzielle Belastung ist. Gelingt es Ihnen, den Ablauf des Teiches an das Abwassersystem anzuschließen, haben Sie einen riesigen Vorteil. Denn dann müssen Sie das Wasser nicht mühsam herausschöpfen und wegtragen – wenngleich das Wasser ideal zum Gießen verwendet werden kann – oder ausleeren, was das Umfeld innerhalb kürzester Zeit in ein Schlammfeld verwandelt.

Sie sehen, die Vorplanungen für die Entenhaltung sind in der Regel umfangreicher als die für die Hühnerhaltung. Das betrifft aber nur die Badegelegenheit. Im Hinblick auf den Stall und den Zaun sind sie nicht anspruchsvoller als Hühner. Das Gegenteil ist eigentlich der Fall. Da die meisten Entenrassen nicht fliegen, kommen sie mit niedrigen Zäunen recht gut zurecht. Aufpassen müssen Sie allerdings, dass sie, genauso wie Hühner, auch vor Räubern geschützt werden. Denken Sie dabei nicht nur an Fuchs und Marder; vor einer kleineren Ente macht auch der Habicht nicht halt.

Ein Entenstall unterscheidet sich eigentlich nicht von dem für Hühner. Einen expliziten „Entenstall" werden Sie fertig oder als Bausatz kaum finden, suchen Sie daher nach einem Hühnerstall. Im Stallinneren braucht es allerdings keine Einrichtung wie bei den Hühnern, da Enten nicht auf einer Sitzstange aufbaumen, sondern sich einfach auf eine dicke Lage Stroh legen und dort auch die Nacht verbringen. Lediglich in einer Ecke sollten Sie ein Nest einrichten. Hier sind etwa 10 Zentimeter hohe Balken als Begrenzung vollauf ausreichend. Die Nester brauchen Sie dabei nicht erhöht anbringen wie bei Hühnern. Enten brüten auf dem Boden, lediglich Hochbrutflugenten nehmen auch höher liegende Nester an. Streuen Sie die Nestfläche dick mit Stroh ein. Das reicht den Enten vollauf. Wie Sie einen Stall selber bauen können, erfahren Sie auf Seite 116 ff.

### Mindestgrößen für etwa acht Enten

- Stallfläche: 4 m² für große Rassen, 2 m² für kleine Rassen
- Auslauffläche: Je größer, desto besser, um die Grasnarbe zu erhalten. 20 m² sind mindestens einzuplanen.

# In Gesellschaft

Enten sind gesellige Tiere, die sich intensiv miteinander beschäftigen. Allein schon aus diesem Grund sollten Sie Enten nie einzeln halten. Eine Gruppe sollte aus mindestens drei Tieren bestehen.

Enten fühlen sich nur in Gesellschaft wohl. Intensives Geschnatter untereinander zeigt, wie kommunikativ und gesellig Enten sind. Ruhe jedenfalls werden Sie mit Enten kaum einmal erleben. Je größer die Gruppe ist, desto intensiver und auch lautstärker ist das Geschnatter – Warzenenten ausgenommen, die lediglich „zischen".

Während man bei Hühnern darauf achten muss, dass nicht zu viele Hähne in der Gruppe mitlaufen, um Kämpfe zu verhindern, sind Enten in diesem Punkt umgänglicher. Natürlich kommt es auch hier hin und wieder zu Auseinandersetzungen, doch verlaufen diese wesentlich ruhiger. Sie können also durchaus mehrere Erpel halten, ohne dass Sie Angst vor blutigen Kämpfen haben müssen. Wenn Sie mehrere Erpel mit nur wenigen weiblichen Enten zusammen halten, sollten Sie allerdings spätestens ab der Geschlechtsreife darauf achten, dass sich die Enten auch einmal zurückziehen können.

Ein harmonisch funktionierendes Geschlechterverhältnis kann man leider nicht pauschal angeben. Hier müssen Sie als Halter einfach beobachten. Oder die einfachere Variante: Setzen Sie von vornherein nur einen Erpel zu vier bis fünf Enten – dann sind Sie auf der sicheren Seite.

Auch eine Vergesellschaftung von Enten verschiedener Rassen ist möglich. Passen sie hinsichtlich Temperament und Größe ungefähr zusammen, ist dagegen überhaupt nichts einzuwenden. Ist viel Platz vorhanden, sodass sich die Tiere gut aus dem Weg gehen können, können Sie auch Enten verschiedener Größen und Temperamente zusammen halten. Aber bitte aufpassen: Will ein ausgewachsener Amerikanischer Pekingenenten-Erpel ständig eine Zwergente begatten, sind die Folgen absehbar. Hier möglicherweise den Rat eines erfahrenen Entenhalters einholen.

# Enten füttern

Junge Enten wachsen sehr schnell. Aus diesem Grund brauchen sie hochwertige Nahrung. Sie brauchen also zum Futter, das sie im Auslauf finden, zusätzlich Getreide. Während des Wachstums sollte die Getreidemenge höher sein als im ausgewachsenen Zustand. Enten sind übrigens Allesfresser.

Während Hühner eher langsam fressen, werden Sie das bei Enten äußerst selten erleben. Einmal am Futtertrog, fressen sie mit geradezu hektischen Bewegungen. Der Kopf zuckt nach vorne und zur Seite. Ganz besonders gerne nehmen Sie Futter aus dem Wasser auf. Wo das nicht möglich ist, nehmen sie einen Schnabel voll Futter und tauchen ihn ins Wasser der Tränke. Für die Enten das Paradies, für den Halter eine Sauerei: Innerhalb kürzester Zeit haben Sie vollkommen verdreckte Tränken. Viele Halter stellen deshalb Futtertrog und Tränke ein gutes Stück voneinander entfernt auf.

Die bunte Gruppe Laufenten ist eigentlich immer auf Achse, um nach Futter zu suchen – und die Perlhühner mischen kräftig mit.

Enten fressen so ziemlich alles. Während des Wachstums ist eine Körnergabe sehr wichtig. Später reicht fast das, was sie den Tag über im Auslauf finden – vorausgesetzt natürlich, er ist groß und mit Gras bewachsen. Kommt noch eine natürliche Wasserfläche dazu, sind wirklich ideale Ernährungsgrundlagen geboten. Da ist die tägliche Körnergabe dann eher eine Zugabe als die Basis der Ernährung.

## Grünfutter als Basis

Neben einer Badegelegenheit wissen Enten einen großzügigen Grasauslauf zu schätzen. Sie nutzen ihn als kaltes Büffet und fressen das Gras und durchwühlen den Boden intensiv nach Schnecken, Kerbtieren, Wurzeln usw. Gerade nach Regengüssen schaffen sie es auf diese Weise aber auch innerhalb kürzester Zeit, aus einer gepflegten Wiese zumindest stellenweise ein mehr oder weniger schlammiges Etwas zu machen. Entenliebhaber berichten immer wieder, dass Enten aus einem kleinen Loch am Morgen bis zum Abend einen kleinen Schlammtümpel kreiert haben. Bei lehmiger Bodenbeschaffenheit ist das wesentlich schlimmer als bei sandigen Böden, aber dennoch nichts für schwache Nerven. Vielleicht liegt in dieser Tatsache die frühere Aussage begründet, dass „Enten im Dreck fett werden“. Ganz so drastisch würden wir es nicht formulieren wollen. Was aber auffällt, ist, dass es die Enten lieben, im Boden und im Wasser „herumzumatschen“, der Fachmann sagt gründeln, und dabei jede Menge Futter aufzunehmen.

## Körnerfutter als Zusatzfutter

Wenn die Enten den ganzen Tag über im Auslauf sind, ist Futter ein gutes Mittel zur Konditionierung: Sie gehen dann am Abend von ganz alleine in den Stall. Angesichts Schüsselgeklapper und Appetit auf Körner kommen viele Enten selbst von der größten Wasserfläche runter.

Je nach Rasse und natürlichem Futterangebot im Auslauf füttern Sie Getreide entweder in geschroteter Form oder auch ganze Körner. Ideal ist es, wenn Sie die Körner vorher etwas einweichen oder gleich in etwas Wasser anbieten. Gerade bei Enten im Wachstum ist Körnerfutter unverzichtbar. Ausgewachsen brauchen sie wesentlich weniger.

Sie können auch fertiges Entenfutter in Pelletform kaufen. Da dies aber fast immer auf Mastenten ausgerichtet ist, sollten Sie es Ihren Enten, die sicher nicht in kurzer Zeit zu einem fetten Braten gemästet werden sollen, nur sparsam geben. Sonst verfetten sie restlos. Selbst gemischtes Futter mit verschiedenen Körnerarten ist auf jeden Fall zu bevorzugen. Während Weizen, Gerste und Hafer in ganzen Körnern verfüttert werden können, sollten Sie Mais nur in gebrochener Form geben. Denken Sie aber daran, dass ein hoher Maisanteil die Enten schnell fett werden lässt. Wenn Sie wollen, können Sie dem Körnerfutter auch etwas Futterkalk beimischen, und wenn die Enten längere Zeit im Stall gehalten werden müssen, ist Grit unverzichtbar. Haben sie jedoch Auslauf im Freien und eine natürliche Badegelegenheit an einem Bach, holen sie sich ihre Ration Steinchen von selbst. Wenn Sie ganz auf Nummer sicher gehen wollen, bieten Sie gern wie bei den Hühnern ständig Grit an; das schadet nicht – die Enten greifen zu, wenn sie es brauchen.

## Leckerbissen Krümelfutter

Sogar noch mehr als Hühner lieben Enten Krümelfutter. In der Zusammensetzung kann es dem Hühner-Krümelfutter (Seite 43) gleich sein. Haben Sie ein paar gekochte Kartoffeln übrig, können Sie diese gerne einarbeiten – das mögen Enten besonders gern. Das gilt auch für altbackenes, getrocknetes Brot, das sie vor dem Füttern einweichen und wieder gut ausdrücken.

Gerade bei Enten sind viele Halter verführt, das Krümelfutter zu weich anzumachen. Bei größeren Mengen, die nicht innerhalb kurzer Zeit gefressen werden, und warmem Wetter verdirbt es jedoch noch schneller. Es ist fürs Geflügel dann ungenießbar und stinkt zudem auch noch säuerlich.

## Wasser zum Trinken

Enten brauchen neben dem Wasser zum Baden noch eine Tränke mit stets sauberem Wasser (auch wenn sie liebend gern ihr Badewasser saufen). Hier machen einem Enten etwas mehr Arbeit als Hühner: Vom Eintagsküken bis zum Senior – Enten lieben es geradezu, mit vollem Schnabel im Wasser zu „spielen“, das macht eine ungeheure Sauerei und befördert viel Wasser in die die Tränke umgebende Einstreu. Vor allem für Entenküken ist dieses feuchte Milieu alles andere als gesundheitsfördernd.

Um das Umfeld der Tränke einigermaßen trocken zu halten, sollten Sie die Tränke auf einen engmaschigen Drahtrost stellen, mit einer dicken Schicht Hobelspänen darunter. So wird das herausgetragene Wasser wenigstens aufgesogen. Das bedeutet aber auch, dass Sie permanent um Tränke und Tröge herum ausmisten und nachstreuen müssen. Und nicht umsonst gilt unter alten Entenhaltern die Weisheit: Futter in die eine Ecke des Stalls, Wasser in die andere!

# Jungenten anschaffen

Junge Rasseenten zu bekommen, ist gar nicht so einfach. Hier müssen Sie im Vorfeld mit einem Züchter sprechen. Bei wildfarbigen Rassen haben Sie übrigens die Gewähr, dass Sie das gewünschte Geschlecht bekommen, da sich Enten und Erpel im Gefieder unterscheiden.

Enten wachsen noch schneller als Hühner. Im Grunde sind sie im Alter von drei Monaten kaum mehr von erwachsenen Tieren zu unterscheiden. Das bedeutet auch, dass sie in diesem Alter die gleichen Anforderungen wie Alttiere stellen. Entscheiden Sie sich, sich Jungenten anzuschaffen, haben Sie am wenigsten Arbeit mit der Aufzucht.

Bei jüngeren Enten sieht das etwas anders aus. Stammen sie aus Kunstbrut, können sie im Alter von etwa vier bis fünf Wochen schon längere Zeit ins Freie – warmes Wetter vorausgesetzt. Bei Naturbrut darf die führende Ente mit ihren Küken schon früher hinaus, da sie ihre Jungen bei Bedarf wärmt.

Wenn Sie sich zum ersten Mal Enten anschaffen, entscheiden Sie sich lieber für etwas ältere Tiere. Später können Sie sich dann immer noch jüngere anschaffen oder gar selbst Entenküken ausbrüten lassen.

Obwohl schon von recht stattlicher Größe, zeigt das noch nicht ausgeprägte Gesichtsfeld bei dieser Warzenente, dass es ein Jungtier ist.

# Eigener Nachwuchs

Wie bei Hühnern gibt es auch bei Enten Rassen, die noch einen sehr starken Bruttrieb haben, und ausgesprochene Legerassen, die züchtungsbedingt nicht mehr zur Brut schreiten. Auch bei Enten kommen Natur- und Kunstbrut infrage.

Während es Hühner heutzutage gefühlt an jeder Ecke zu kaufen gibt, sieht das bei Enten anders aus. Die Anbieter der Hühnerhybriden verkaufen meistens auch Entenhybriden. Wenn man aber keinen Wert auf ein noch schnelleres Wachstum, als es Enten im Allgemeinen sowieso schon an den Tag legen, und einen baldigen Schlachttermin legt, können Sie sich auch nach Rasseenten umsehen. Sie sind in der Regel farbenprächtiger und vor allem auch langlebiger als Hybridenten.

Kleine Entchen sind ungemein süß, fast noch niedlicher als Hühnerküken. Es ist also mehr als verständlich, dass man einmal selbst welche haben will. Je nach Rasse kann beziehungsweise muss man sich für eine Kunst- oder Naturbrut entscheiden.

## Naturbrut

Da die Entenrassen verschiedenen Ursprungs sind (Seite 65), unterscheidet sich auch ihr Brutverhalten je nach Rasse. Nicht alle Rassen brüten!

Bei Warzenenten, also Abkömmlingen der Moschusente, ist der Bruttrieb ungeheuer stark ausgeprägt. Sie suchen sich gerne einen Brutplatz im Freien: Ein für sie passender, geschützter Ort wird zum Nest ausgepolstert. Kommt kein Fuchs dazwischen, taucht die Ente nach bis zu 35 Tagen mit einer großen Schar Küken auf. Wollen Sie der Gefahr von Beutegreifern vorbeugen und eine Warzenente dazu bewegen, ihr Nest im Stall anzulegen, müssen Sie auf der Hut sein. Sinnvoll kann es sein, die Enten erst aus dem Stall zu lassen, wenn sie ihre Eier gelegt haben. Sonst verlegen sie sie nur zu gerne doch draußen im Freien. Übrigens liegt darin auch der Ursprung des Begriffes „Entenklemmer“ für einen geizigen Menschen. Die Enten wurden früher am After gegriffen, „geklemmt“ sozusagen, fühlte man ein Ei, hat man sie nicht ins Freie gelassen. Erst, wenn das Ei gelegt war, durften sie hinaus.

Versuchen Sie, Ihren Enten im Stall ein Nest einzurichten. Dazu polstern Sie einfach eine Ecke dick mit Stroh aus. Ob sie es aber annehmen, steht auf einem anderen Blatt. Im Gegensatz zu Hühnern suchen sich Enten – und ganz beson-

Warzenenten, hier ein perlgraues Exemplar, gehören zu den zuverlässigsten Brutenten.

ders die Warzenenten – ihr Nest nämlich gern selber. Ist das nicht an einer völlig unmöglichen Stelle, sollten Sie Ihren Enten ihren Willen lassen.

Alle anderen Hausentenrassen haben übrigens eine kürzere Brutdauer (Seite 76) als Warzenenten und bei Weitem nicht so stark den Drang, ihr Nest im Freien zu bauen. Sobald Sie feststellen, dass sich eine Ente in eine Ecke des Stalls zurückzieht, achten Sie darauf, dass diese Stelle besonders gut mit einer dichten Stroheinlage ausgestreut und gepolstert ist. Die Ente, die brütet, lassen Sie einfach im Stall sitzen – das durchaus im Gegensatz zu Hühnern, wo man die Glucke meistens aus dem Stall herausnimmt oder sie durch eine kleine bauliche Anpassung im Stall anderweitig von den übrigen Hühnern abschirmt.

Während der Brutdauer übernimmt die Ente alle Aufgaben. Vergewissern Sie sich, dass gerade während dieser Zeit die Ente die Möglichkeit zum Baden hat. Denn die Feuchtigkeit, die sie durch ihr Gefieder mit ins Nest nimmt, ist wichtig für den Schlupferfolg.

Falls die Ente nicht selber den Drang verspürt, zwischendurch aufzustehen, sollten Sie sie am besten zweimal täglich vom Nest nehmen. Sie muss in dieser Zeit fressen können und sich entleeren.

## Die Küken schlüpfen

Je nach Rasse schlüpfen Entenküken unterschiedlich: Warzenenten nach 35 Tagen Brutzeit, andere Rassen brüten kürzer, das heißt kleine Rassen 25 bis 26 Tage, große Rassen 26 bis 28 Tage lang. Kaum sind die Entchen geschlüpft und abgetrocknet, unternimmt die Ente mit ihnen Ausflüge.

Entenküken sind recht robust und ihre scharfen Krallen machen es möglich, dass sie auch in unwegsamem Gelände zurechtkommen. Die Küken gehen auch gleich zum Baden. Doch achten Sie darauf, dass ihre Unterkunft immer trocken ist. Entenkot ist sehr feucht, sodass Sie hier großzügig mit Stroh nachstreuen sollten. Übrigens sind Warzenenten so fruchtbar, dass sie nach einer frühen Brut meistens noch eine zweite, manchmal sogar eine dritte Brut folgen lassen.

**Entenrassen mit gutem Bruttrieb**

Warzenente, Hochbrutflugente, Landente – mit und ohne Haube, Pommernente

## Kunstbrut

Auch bei Enten ist die Kunstbrut die Alternative zur Naturbrut, wird jedoch bei Weitem nicht so häufig wie bei Hühnern eingesetzt, da viele Entenrassen noch äußerst zuverlässig selbst brüten. Die Motivationen für eine Kunstbrut sind dieselben wie bei Hühnern: Entweder man hat keine brutwillige Rasse daheim oder es soll eine größere Zahl an Küken auf einmal erbrütet werden. Letzteres kann von Bedeutung sein, wenn wirtschaftliche Interessen im Vordergrund stehen.

Die Empfehlungen zur Lagerung der Eier, bis die gewünschte Zahl an Eiern beisammen ist, zum Einlegen in den Brutapparat und auch zum Schieren der Eier sind dieselben wie bei den Hühnern (Seiten 52 und 53). Es kann im Übrigen derselbe Brutapparat genutzt werden, nur wird er für Enteneier anders eingestellt. Die Bruttemperatur liegt im Vorbrüter bei 37 bis 37,5 °C. Mit der Luftfeuchtigkeit darf man bei Enten gerne etwas großzügiger sein: 65 Prozent im Vorbrüter sind gar kein Problem und im Schlupfbrüter sind bis zu 90 Prozent sinnvoll.

Bei Enten werden die Eier erst ab dem dritten Bruttag gewendet, und zwar bis zum 25. Tag. Eine Kontrolle der Kükenentwicklung im Ei durch das Schieren ist dann sinnvoll.

Eine Besonderheit bei der Wassergeflügelbrut ist das Lüften der Bruteier. Bei der Naturbrut geschieht das völlig automatisch, wenn die Ente das Nest verlässt. Das müssen Sie bei der Kunstbrut also unbedingt nachahmen: Man nimmt die Eier vom 5. oder 6. Tag an bis zum 22. oder 23. Tag täglich zwischen fünf und 20 Minuten aus dem Brutapparat heraus und lagert sie bei Raumtemperatur. Danach werden sie wieder in den Apparat eingeschoben. Besprühen Sie während dieser Zeit die Eier mit Wasser, erfüllen Sie die Voraussetzungen perfekt. Unterhalten Sie sich hierzu gern einmal mit einem erfahrenen Züchter, dann fühlen Sie sich sicherer.

## Küken aus dem Brutapparat

Bei der Kunstbrut sollten Sie schon vor dem Schlupf die Aufzuchtstation herrichten. Eine runde Form der Unterkunft ist zu bevorzugen, dann können sich die Küken nicht in einer Ecke gegenseitig erdrücken. Warzenentenküken brauchen in den ersten Tagen eine Temperatur von etwa 35 °C. Andere Entenküken sind etwas robuster, sodass 30 °C ausreichen. Hier sollte, wie bei den Hühnern auch, eine spezielle Wärmelampe aus dem Fachhandel genutzt werden.

Da die Befiederung bei Enten schneller vonstattengeht als bei Hühnern, kommen sie ab der dritten oder vierten Lebenswoche vor allem bei warmen Außentemperaturen ohne zusätzliche Wärmequelle aus. Sie merken mit etwas Erfahrung durch Beobachten sehr schnell, wie lange die jungen Enten noch Wärme suchen. Entenküken sind in ihrer Konstitution recht stabil – ein großer Vorteil bei der Aufzucht ohne Ente.

Eine weiße Warzenente zeigt ihren Küken, wo sie aus dem Teich herauskommen.

## Küken und Jungenten füttern

Die Fütterung der Entenküken ist eigentlich recht einfach, unterscheidet sich aber von der der Hühnerküken. Der Fachhandel hat zwar entsprechendes Entenküken-Aufzuchtfutter im Angebot, doch muss man dieses fast immer vorbestellen. Hinzu kommt, dass es für Mastenten entwickelt wurde und deshalb ein geradezu gigantisches Wachstum in Gang setzt. Wenn Sie Ihre Enten nur zur Freude und weniger zum Nutzen halten, brauchen Sie solches Mastfutter nicht. Neben Entenkükenfutter können Sie auch auf normales Hühnerkükenfutter ohne Kokzidiostatika zurückgreifen. „Ohne Kokzidiostatika" ist wichtig, da es sonst zu Vergiftungen kommt und die Tiere sterben.

Die ersten Tage können Sie auch Haferflocken verfüttern und dann nach und nach Kükenaufzuchtfutter beimischen. Alternativ zum Enten- oder Hühnerküken-Aufzuchtfutter können Sie auch gemischtes Getreideschrot aus Weizen, Gerste, Hafer und wenig Mais anbieten. Schon nach drei Wochen kann Krümelfutter untergemischt werden. Gekochte Kartoffeln, vielleicht etwas Futterkalk und jede Menge Grünzeug sind hierzu ideal. Sie dürfen sich hier gerne am Krümelfutter für Hühner orientieren (Seite 43).

Einzig beim Wasser müssen Sie etwas aufpassen. Die kleinen Enten nehmen wirklich jede noch so kleine Gelegenheit zum Baden wahr. Ideal sind deshalb die handelsüblichen Tränken mit Rinne. Zum einen fließt immer genügend frisches Wasser nach und zum anderen ist die direkt angebotene Wassermenge überschaubar und die Entchen können nicht in ihre Tränke hüpfen. Darüber hinaus sollten Sie das Futter – wie bei den erwachsenen Enten auch – nicht direkt neben die Tränke stellen.

Bei Enten, die in Kunstbrut erbrütet wurden, ist eine von den Alttieren getrennte Aufzucht unverzichtbar. Dort können Sie ihnen auch schon eine Bademöglichkeit anbieten. Achten Sie aber unbedingt darauf, dass die Küken problemlos wieder aus dem Wasser herausgelangen können. Bei der Naturbrut bleibt die brütende Ente bei der restlichen Entengruppe und zieht auch dort ihre Küken auf. Sie nimmt sie dann zum Baden mit, wobei Sie auch hier unbedingt darauf achten müssen, dass die Küken wieder aus dem Wasser herauskommen können.

# Nutzen

Wenn man von der puren Freude absieht, die uns das Beobachten und der Umgang mit ihnen bringt, sind Enten auf vielen Ebenen hervorragende „Nutztiere“: Sie sind richtige Alleskönner.

Enten liefern uns Eier, Fleisch, Federn und Dung. Interessanterweise ist heute nur noch das Fleisch in der privaten Haltung von Bedeutung. Dabei könnten Enten vielseitiger genutzt werden.

## Fleisch

Das Fleisch der Enten ist wesentlich fettreicher als das von Hühnern. Selbst das magere Warzenentenfleisch ist immer noch etwas fetter. Stockenten-Abkömmlinge, wie Deutsche und Amerikanische Pekingenten, Aylesburyenten oder Rouenenten, setzen sehr viel mehr Fett an. Das braucht kein Nachteil zu sein! Richtig zubereitet ist es ein großer Pluspunkt, zum einen kann das überschüssige Fett abgenommen und separat verwertet werden (zum Beispiel zum Anbraten) und zum anderen ist es der Garant, dass die Haut beim Braten so wunderbar knusprig wird. Während die Schlachtkörper von Hühnern auch in Einzelteilen angeboten werden, sind Enten klassisches Saisongeflügel und werden überwiegend als ganzer Braten verkauft. Sie werden diesbezüglich nur noch von Gänsen übertroffen – die klassischen Weihnachts- und Martinsgänse lassen grüßen. Erst seit ein paar Jahren bekommt man auch die Entenbrust als hochwertigstes Teilstück separat, dann eher unter dem Label „Feinkost“.

Im Grunde lässt sich eine Ente genauso vielfältig zubereiten wie ein Huhn und der Geschmack ist vielleicht sogar noch interessanter. Warum haben die Fernsehköche, die uns täglich berieseln, das Entenfleisch eigentlich noch nicht aus seiner Nische herausgeholt? Es hätte es längst verdient.

## Eier

Enteneier sind eine Sache für sich. Wohl jeder erfahrene Entenhalter nutzt sie ganz selbstverständlich in der Küche. Alle anderen fragen sich oft: Kann man die essen? Ja, kann man! Aber vor dem Verzehr bitte vollständig durcherhitzen! Das kommt daher, dass in früheren Zeiten von einer erhöhten Gefahr der Salmonelleninfektion durch Enteneier berichtet wurde. Und auch heute noch isst man Enteneier sicherheitshalber nur in gekochtem Zustand. Beachtet man dies, stehen Enteneier denen von Hühnern in nichts nach. Ganz im Gegenteil: Enteneier sind meistens ein gutes Stück größer und enthalten mehr Eiweiß und Kohlenhydrate. Der hohe Anteil an Eigelb sorgt außerdem dafür, dass Backwaren daraus appetitlich gelb werden.

Es gibt bei den Enten ausgesprochene Legerassen, die die Legeleistung vieler Hühner sogar toppen: Klassische Beispiele dafür sind die Campbell- oder Orpingtonenten. Sie kommen nicht selten deutlich über 150 Eier hinaus. In Asien, wo gern Enteneier verwendet werden, gibt es sogar spezielle Legeentenhybriden, die es spielend auf über 300 Eier jährlich bringen. Mit der richtigen Rassewahl haben Sie also ausreichend Eier im Haus – meistens sogar so viele, dass Sie noch welche verschenken können (den Hinweis aufs Durcherhitzen bitte nicht vergessen!).

Es wäre übrigens ein Leichtes gewesen, die Legeleistung von Enten züchterisch noch weiter zu steigern – wahrscheinlich sogar leichter als bei Hühnern. Weil Enteneier aber wie gesagt anfälliger für Salmonellen sind als Hühnereier und deshalb ihr Verkauf in Deutschland heute nicht mehr üblich ist, war eine Ausdehnung der Züchtungsarbeit in diese Richtung schlicht nicht nötig.

### Gute Legerassen

- Deutsche Campbellenten
- Orpingtonenten
- Streicherenten
- Hochbrutflugente
- Vorster Ente

Sachsenenten gehören zu den großen Entenrassen und haben demnach einen hohen Nutzen in Form von Federn und Fleisch.

## Federn und Daunen

Bezüglich der Federqualität haben Enten gegenüber Hühnern die Nase vorn. In früheren Zeiten kamen Hühnerfedern nur in die Kissen sehr armer Menschen. Jeder, der etwas auf sich hielt beziehungsweise es sich leisten konnte, füllte sie mit Enten- oder Gänsefedern oder noch besser Daunen. Bei allen Vorzügen, die moderne Füllstoffe für Kissen und Bettdecken anscheinend haben, ist die Qualität von Federn und Daunen noch immer unerreicht, besonders was die Regulierung der Temperatur und den Feuchtigkeitsaustausch betrifft. Umso überraschender ist, dass die Federn bei Entenhaltern heute nicht mehr sehr im Fokus sind.

Die Nutzung der Federn setzt allerdings voraus, dass man die Tiere auch schlachten möchte. Heute gibt es recht günstige Trockenrupfmaschinen und bei nur wenigen Schlachttieren kommt man auch händisch recht weit. Das Lebendraufen ist in Deutschland schon lange verboten. In mehreren anderen Ländern der EU ist es weiterhin erlaubt.

Verwendet werden die Brustfedern und Daunen. Lagern Sie diese zunächst trocken, am besten in einem Kopfkissenbezug aufgehängt. Haben Sie genug Federn beisammen, werden Sie von einem Fachgeschäft gereinigt und entsprechende Kissen und Decken genäht. Es ist ein herausragendes Gefühl, im Bett mit Federn der eigenen Enten zu liegen.

## Mist für den Garten

Dass der Kot als Nutzen angesehen wird, können Hobbygärtner sicher nachvollziehen. Da Entenställe meistens mit Stroh eingestreut werden, ergibt das mit dem Entenkot zusammen kompostiert eine ungeheuer wertvolle Gartenerde. Im Vergleich dazu werden Hühnerställe meist mit Hobelspänen ausgestreut, die beim Kompostieren gern verklumpen und auch schlechter verrotten.

Etwas zum Schmunzeln – vielleicht auch zum Ekeln: In den ersten Jahrzehnten des vergangenen Jahrhunderts wurden gern große Entenherden auf Karpfenteiche getrieben, denn der abgegebene Entenkot steigerte den Fleischertrag bei den Karpfen deutlich. Seien wir froh, dass wir darauf heute nicht mehr angewiesen sind und den Kot als Dünger und Bodenverbesserer im Garten einsetzen können.

# Gänse

# Gänse halten

Groß, laut und ungemein anhänglich – so kann man Gänse wohl am treffendsten beschreiben. Für viele sind sie so etwas wie Sehnsuchtstiere. Allerdings nur wenige haben wirklich die Voraussetzungen, Gänse artgerecht zu halten. Viel Platz im Freien und ein großer Abstand zu geräuschempfindlichen Nachbarn sind nur zwei der Punkte.

Rom soll durch das Geschnatter der Gänse vor einem Angriff der Kelten gerettet worden sein. Schon damit wird ein besonderes Merkmal aller Gänse hervorgehoben: ihre besondere Wachsamkeit. Diese stellt wirklich jeden Hund in den Schatten. Das Geschnatter ist weit zu hören.

Der große Nutzen, den Gänse haben können, hat ihnen eine herausragende Stellung innerhalb des Geflügels eingebracht. Sowohl das Fleisch als auch die große Daunen- und Federfülle haben sie zu allen Zeiten begehrt gemacht – schon im alten Ägypten wurde die Gans gerühmt.

Gänse waren die klassischen Nutztiere für Flächen, die sonst kaum genutzt werden konnten. Feuchte Wiesen oder Wegraine haben den Tieren immer noch ausgereicht; sie verwandelten minderwertiges Gras in hochwertige Lebensmittel. Wegen dieser Genügsamkeit war die Gänsehaltung fast immer an kleinbäuerliche Strukturen gebunden. In Gegenden, in denen die Gänsehaltung eine lange Tradition hatte, war es bis weit nach dem Zweiten Weltkrieg üblich, dass kleine Kinder das Hüten der Gänse übernahmen. Mit der romantischen Vorstellung der Gänseliesel hatte das wenig zu tun, spätestens wenn der Ganter einmal in die nackten Waden gebissen hatte.

### Nicht ohne Hühner

Es ist vorgeschrieben, dass Gänse regelmäßig virologisch untersucht werden müssen. Alternativ können sie mit Hühnern, Zwerghühnern oder Puten als sogenannte Sentineltiere zusammen gehalten werden (Ausführliches dazu auf Seite 114).

Gänse erreichen übrigens ein nahezu biblisches Alter. Tiere mit einem Alter von mehreren Jahrzehnten sind keine Seltenheit. So ist es nicht übertrieben zu sagen, dass sie in all den Jahren fast zu so etwas wie Familienmitgliedern werden. Dazu trägt auch die enge Bindung bei, die Gänse mit Menschen eingehen können. Sie werden ungeheuer zutraulich und folgen einem auf Schritt und Tritt. Der bekannte Naturforscher Konrad Lorenz hat zum Thema Verhaltensforschung nicht umsonst an Graugänsen geforscht. Im Grunde lassen sich die von Konrad Lorenz gewonnenen Erkenntnisse auf Hausgänse übertragen, zumindest wenn die Graugänse ihre Ahnen sind und das trifft auf alle Hausgänserassen mit Ausnahme der Höckergänse zu (sie stammen von der Schwanengans ab).

Ein Obstgarten ist ideal für die Gänsehaltung.

Hausgänse verhalten sich noch sehr ursprünglich und zeigen nur wenige Domestikationsmerkmale. So legen sie nicht das ganze Jahr über, sondern immer nur einzelne Gelege, manche Rassen auch bis zu drei. Gänse scheinen dabei so etwas wie eine innere Uhr zu besitzen. Wenn das Wetter besser wird, fangen sie an, sich ein Nest herzurichten, und spätestens am Schlupftag können Sie davon ausgehen, dass trockenes Wetter herrscht.

Wie bei den Hühnern auch, gibt es bei den Gänsen ebenfalls Hybridlinien, die in den landwirtschaftlichen Großbetrieben gehalten werden. Sie wurden auf eine hohe Fleischleistung gezüchtet.

In der Hobbyhaltung findet man dagegen auch klassische Hausgänserassen, die sich in Größe, Gewicht und teilweise auch in den Farbenschlägen unterscheiden. Oft gibt ihr Rassename einen deutlichen Hinweis auf ihr früheres Zuchtzentrum beziehungsweise die Region, in der sie zu Hause war: Beispiele sind Diepholzer Gänse, Lippe-Gänse, Toulouser Gänse, Fränkische Landgänse, Emder Gänse, Pommersche Gänse usw. Darüber hinaus gibt es intensive Bemühungen zum Erhalt weiterer alter Gänserassen wie zum Beispiel der Leinegänse oder der Bayerischen Landgänse. Wie schnell jedoch eine einst blühende Rasse aussterben kann, zeigen Gänse nur allzu deutlich. So scheinen die früher stark gerühmten Rieser Gänse und viele weitere lokale Gänseschläge ausgestorben zu sein. An diesem Beispiel wird deutlich: In gewisser Weise hat die Tierhaltung heute nicht mehr nur Nutz- oder Erholungscharakter, sondern trägt auch ganz entscheidend zum Rassenerhalt bei. Dabei hat es bis in die Achtzigerjahre des vorigen Jahrhunderts gedauert, bis man den Wert von landwirtschaftlichen Nutztieren erkannt hat, also zu einer Zeit, als Schlagworte wie Biodiversität noch nicht in der breiten Masse angekommen waren.

## Eine Auswahl an Gänserassen

- Emder Gans: Ganter 11–12 kg, Gans 10–11 kg; weißes Gefieder
- Toulouser Gans: Ganter 9–10 kg, Gans 8–9 kg; graues oder lederbraunes Gefieder
- Steinbacher Kampfgans: Ganter 5,5–6,5 kg, Gans 4,5–5,5 kg; graues oder hellblaues Gefieder
- Fränkische Landgans: Ganter 5–6 kg, Gans 4–5 kg; hellblaues Gefieder
- Pommersche Gans: Ganter 8 kg, Gans 7 kg; graues, weißes oder geschecktes Gefieder
- Diepholzer Gans: Ganter 7 kg, Gans 5,5–6 kg; weißes Gefieder
- Celler Gans: Ganter 5,5–6,5 kg, Gans 4–6 kg; lederbraunes Gefieder
- Höckergans: Ganter 5 kg, Gans 4 kg; graubraunes, graublaues oder weißes Gefieder
- Böhmische Gans: Ganter 5 kg, Gans 4 kg; weißes Gefieder

# Stall und Auslauf

Wie die Enten gehören auch Gänse zum Wassergeflügel. Während für Enten das Element Wasser unverzichtbar ist, sind Gänse in erster Linie Weidetiere. Sie brauchen große grasbewachsene Areale, eine schöne Wasserfläche macht ihr Glück perfekt.

Großzügige Weideflächen gehören einfach dazu, wenn Sie Gänsen ein glückliches Leben bieten wollen. Ist das nicht gegeben, sollten Sie im Interesse der Gänse auf ihre Haltung verzichten. Nichts sieht nämlich so trostlos aus wie Gänse auf einer total überweideten Fläche im Matsch. Das ist nicht nur traurig, sondern auch nicht tiergerecht.

Für zwei Gänse können Sie von mindestens 200 Quadratmeter Weidefläche ausgehen, die sie benötigen. Bei kleinen Rassen vielleicht etwas weniger, bei den

Gänse brauchen viel Fläche, sonst sieht es schnell aus wie hier: Die Grasnarbe ist „gänsemüde“.

ganz großen sogar mehr. Erfahrene Gänsehalter gehen auch gerne mal vom Doppelten aus – und zu groß kann die Weide sowieso nicht sein! Auf jeden Fall sollten Sie die Weide teilen – ähnlich eines Wechselauslaufs bei Hühnern (Seite 31) – und die Gänse immer abwechselnd im einen oder anderen Bereich halten, während sich das Gras auf der abgesperrten Fläche erneuern kann. So steht immer frisches Gras zur Verfügung.

Die Qualität der Weide und ihr Aufwuchs sind ganz entscheidend für das Wachstum der Gänse. Schaut man sich heute viele Gänseweiden an, dann haben von dieser Pracht unzählige Gänsegenerationen zuvor geträumt. Sie mussten mit Randflächen und Rainen zurechtkommen, deren Grasqualität alles andere als gut war. Aber selbst unter diesen Bedingungen konnten die Gänse ausreichend ernährt werden, was ein eindeutiges Indiz für ihre Anspruchslosigkeit ist.

Unverzichtbar für Ihre Gänse ist ein Schattenplätzchen, das sie bei praller Sonne selbstständig aufsuchen können. Besitzer einer klassischen Streuobstwiese haben den Volltreffer! Diese befinden sich allerdings oft im Außenbereich von Ortschaften, sodass ein ständiger Zaun (und den braucht man für Gänse) meistens nicht genehmigt wird. Wie bei anderen landwirtschaftlichen Nutztieren greift man seit ein paar Jahren auch bei der professionellen Gänsehaltung auf Elektrozäune zurück. Breitbandlitzen aus dem Landhandel eignen sich dafür ideal: In der Regel werden drei Litzen im Abstand von 15 Zentimetern gespannt und von den Gänsen meist auch gut akzeptiert. Diese Erfahrungen können Sie sich auch bei der Hobbyhaltung zunutze machen und solch einen Zaun aufstellen. Eine Zaunhöhe von etwa 1 Meter ist dabei vollkommen ausreichend.

Große Weideflächen und eine Badegelegenheit: perfekte Bedingungen für diese kraftstrotzenden Toulouser Gänse.

Ausgewachsene Gänse sind aufgrund ihrer Größe keine potenzielle Beute für Habicht und Co. Bei jungen Gösseln sieht das schon anders aus. Sie werden selbst von Krähen angegriffen und unter Umständen getötet. Wenn Sie also Gössel ohne Elterntiere aufziehen möchten, müssen Sie mit einem Netz über dem Auslauf für Schutz von oben sorgen. Ansonsten passen die Alttiere auf ihre Gössel sehr gut auf.

Gänse freuen sich sehr, wenn sie einen Teich oder einen Bach zum Baden haben. Sie sind diesbezüglich aber viel genügsamer als Enten. Ihnen reicht zur Gefiederpflege im Grunde eine größere Badewanne. Mit Wasser gefüllte Kindersandkästen, ausgemusterte Duschwannen oder derlei Dinge werden von den Gänsen gerne angenommen. Bei Gänsen gilt wie auch bei Enten: Die Wasserqualität ist wesentlich entscheidender als die Wassermenge. Daher muss auch das Gänse-Bad regelmäßig entleert, gesäubert und mit frischem Wasser gefüllt werden (mehr dazu bei den Enten auf Seite 68).

Gänse, hier Lockengänse, weiden zwar sehr gerne, doch nutzen sie auch eine Badegelegenheit intensiv.

Gänse kommen mit Kälte sehr gut zurecht. Ausgewachsene Tiere bräuchten nicht einmal einen Unterstand. Sie könnten auch über Nacht problemlos draußen bleiben, wenn nicht der Fuchs wäre, der es nur zu gerne auf Gänse abgesehen hat. Das Kinderlied „Fuchs, du hast die Gans gestohlen" kommt nicht von ungefähr. Schon alleine deshalb sollten Sie für Ihre Gänse einen Stall haben.

Aufgrund ihrer Größe sollten Sie pro Gans mindestens 1 Quadratmeter Grundfläche einplanen. Eine Inneneinrichtung, mit Sitzstangen und Nestern wie für Hühner, brauchen Sie nicht. Nur wenn die Gänse brüten wollen, können Sie ihnen in einer Ecke ein Nest herrichten (Seite 94). Als Einstreu verwenden Sie am besten Stroh.

Je nach Anzahl der gehaltenen Gänse und der zur Verfügung stehenden Stallfläche kann es ratsam sein, denn Stall entweder immer komplett auszumisten oder überwiegend frisches Stroh nachzustreuen. Einmal monatlich sollten Sie den Gänsestall aber auf jeden Fall komplett ausmisten. Wichtig ist, dass die Liegefläche immer trocken ist.

### Mindestgrößen für zwei Gänse

- Stallfläche: 2 m² für große Rassen, 1,5 m² für kleinere Rassen
- Auslauffläche: 200 m²

# In Gesellschaft

Gänse sind gesellige Tiere und sie schließen sich auch dem Menschen sehr eng an. Man sollte sie nie alleine halten. Zwei Tiere sollten es auf jeden Fall sein. Dabei ist es sinnvoll, ein Paar oder zwei Gänse zu halten. Bei zwei Gantern kann es Probleme geben.

Die verschiedenen Gänserassen sind in ihrem Verhalten bedeutend einheitlicher, als man das zum Beispiel bei Hühnern kennt. Zum einen gibt es wesentlich weniger Rassen und zum anderen sind die Zuchtziele einheitlicher. Es ging mehr oder weniger immer nur um das Fleisch. Die Federn waren eine kostenlose Dreingabe; und erst in den Vierzigerjahren des vergangenen Jahrhunderts wurde mit der Deutschen Legegans die Grundlage für eine Rasse gelegt, bei der besonders auf eine hohe Eierleistung geachtet wurde. Aber selbst da ging es eigentlich nur darum, mit künstlicher Brut möglichst viele Gössel zu erbrüten. Wenn die Gans nämlich selber brütet, ist die Anzahl an Nachkommen einfach begrenzt.

Mehr noch als bei Hühnern und Enten kann man bei Gänsen ein äußerst intensives Familienleben beobachten. Ganz besonders, wenn die Gruppe aus einem Ganter und ein bis zwei Gänse besteht. Da wird sowohl ruhig miteinander gesprochen als auch manchmal lautstark herumgeschrien – geradezu wie bei Menschen. Auch der Umgang der Eltern mit den Gösseln ist äußerst fürsorglich.

Mit Ausnahme der Steinbacher Kampfgänse und der Höckergänse, die manchmal ein aggressives Verhalten gegenüber Artgenossen an den Tag legen, können Gänse eigentlich ohne größere Auseinandersetzungen miteinander gehalten werden. Kämpfe, wie man sie beispielsweise von Hähnen kennt, sieht man hier eigentlich nicht. Das mag auch mit daran liegen, dass die Flächen für Gänse einfach sehr groß sind und sie sich im Zweifelsfall aus dem Weg gehen können.

Kommt es dennoch einmal zu Rangeleien, werden der Schnabel zum Zwicken und Beißen und die Flügel zum Schlagen eingesetzt. Das passiert aber wirklich sehr selten, sodass Sie sich darum eigentlich kaum Gedanken machen brauchen. Lediglich, wenn mehrere Ganter zusammen gehalten werden und diese geschlechtsreif werden, kann es zu Auseinandersetzungen kommen. Auch hier sind die Steinbacher Kampfgänse und Höckergänse die „Raufbolde“.

Die Anzahl der zusammen gehaltenen Tiere kann den Platzverhältnissen angepasst werden: Mindestens zwei sollten es schon sein, nach oben sind keine Grenzen gesetzt.

Diese Fränkischen Landgänse haben ihren Besitzer erkannt und rennen mit ausgebreiteten Flügeln auf ihn zu.

Auffallend ist noch die enge Bindung, die Gänse mit Menschen eingehen können. Von klein auf an sie gewöhnt, laufen sie einem auf Schritt und Tritt nach. Bei meinen Großeltern in der Gastwirtschaft wurde einmal eine Wette abgeschlossen, dass ein Gast seine Gans an der Leine hereinführen könne. Und siehe da: Der stolze Gänsebesitzer hat gewonnen! Da Gänse bis zu mehreren Jahrzehnten alt werden können, kann eine solche Mensch-Gänse-Freundschaft wirklich sehr lange halten. Mit lautem Geschrei und breit schlagenden Flügeln kommen sie auf ihren Besitzer zu.

Da sich Gänse in der Größe und im Temperament nicht so sehr unterscheiden wie Hühner und Enten ist eine Haltung verschiedener Rassen gar kein Problem. Nur, wenn sie rassereinen Nachwuchs haben wollen, müssen Sie die Rassen trennen. Die Ganter der leichten Rassen sind nämlich im Tretakt viel schneller als die behäbigen und so wären Kreuzungen die Folge.

# Gänse füttern

Gänse sind Weidetiere und in ihrem Fressverhalten eher mit Pferden, Schafen und Kühen zu vergleichen als mit anderem Geflügel. Wenn Sie Ihre Gänse also glücklich machen wollen, bieten Sie ihnen ausreichend Weidefläche.

Obwohl Gänse zum Wassergeflügel gerechnet werden, sind es eigentlich Weidetiere. Sie grasen äußerst ausdauernd und nehmen das Gras sehr knapp auf. Das heißt, dass sie es direkt über dem Boden abweiden. Das kann dazu führen, dass bei einer Überbeanspruchung der Fläche sich nur noch sehr bodennahe Gräser und Kräuter halten können – eine überweidete Gänseweide erkennt man also sofort. Da Ihre Gänse auf einer solchen Fläche nur noch wenig bis gar nichts mehr finden würden, sollten Sie dem Weidemanagement große Aufmerksamkeit schenken. Das bedeutet, dass Sie Ihren Gänsen Portionsweiden anbieten sollten, ähnlich des Wechselauslaufs bei Hühnern (Seite 31). Damit haben sie immer frisches Grünfutter zur Verfügung und ein Teil der Weide kann sich wieder erholen. Wenn Ihnen das gelingt (oder Sie unendliche Flächen zur Verfügung haben – aber wer hat das schon?), ist die perfekte Grundlage für die Gänsefütterung gelegt.

Trotz üppigem Grasangebot sagt diese gescheckte Pommerngans auch zum angebotenen Salat nicht Nein.

## Grünfutter als Basis

Die Weide liefert die Hauptnahrung der Gänse, hier finden sie Gräser, Kräuter sowie Insekten und Weichtiere. Bei einigen leichteren Rassen wie Diepholzer Gänsen und Elsässer Gänsen reicht das Gras fast aus. Den meisten Gänsen, gerade schweren Rassen, sollten sie etwas Hafer oder Gerste zufüttern.

Müssen die Gänse aus irgendeinem Grund im Stall bleiben, sollten Sie immer Grünfutter anbieten. Spätestens da merken Sie, wie sehr Gänse Grünzeug lieben. Frische Brennnesseln sind dabei die absolute Krönung! Nicht nur Gänseküken lieben Brennnessel (ihnen sollte sie klein geschnitten angeboten werden), auch erwachsene Gänse stürzen sich darauf. Brennnessel wirkt sich positiv auf das Immunsystem der Tiere aus.

## Körner und Krümelfutter als Ergänzung

Sie können Ihren Gänsen Getreide wie Hafer, Gerste oder Weizen (oder eine Mischung daraus) zufüttern, wobei dieses gern grob geschrotet oder auch in ganzen Körnern verfüttert werden kann. Idealerweise wird es vorher in Wasser eingeweicht, da es so den Gänsen ganz besonders entgegenkommt. Gänsealleinfutter aus dem Fachhandel wird zwar angeboten, kommt aber in der Hobbyhaltung kaum zum Einsatz. Es ist auf das ziemlich schnelle Erreichen eines hohen Gewichts ausgelegt – und das ist bei der hobbymäßigen Gänsehaltung in den seltensten Fällen das Ziel.

Altes Brot, das Sie vorher einweichen und dann ausdrücken, Gemüse (mit Ausnahme roher Kartoffeln) und vor allem Fallobst können Sie den Gänsen ebenfalls anbieten. Auch Krümelfutter wird gern angenommen. Hier können Sie wieder so ziemlich alles einarbeiten, was Küche und Garten hergeben – orientieren Sie sich dabei beim Krümelfutter für Hühner (Seite 43).

Noch ein Wort zu Grit und Kalk: Während der Aufzucht kann eine zusätzliche Kalkgabe durchaus sinnvoll sein, um eine ausreichende Versorgung mit Mineralien zu gewährleisten. Grit ist auch für Gänse zur Verdauung unverzichtbar. Diesen kann man ihnen in einem extra Gefäß anbieten oder in geringer Menge ins Körner- oder Mischfutter einarbeiten. Wenn Gänse einen großen Auslauf haben, nehmen sie selbstständig kleine Steinchen auf, die den gleichen Zweck erfüllen.

Einen Eimer mit frischem Wasser sollten Gänse immer zur Verfügung haben, um den Kopf ganz eintauchen zu können.

## Wasser zum Trinken

Obwohl Gänse selbstverständlich auch Wasser aus der Badegelegenheit aufnehmen, brauchen sie eine eigene Tränke. Bei ausgewachsenen Gänsen nimmt man dazu zweckmäßigerweise einen Eimer, den man täglich neu befüllt. Bei Gösseln ist eine große Hühnertränke ausreichend. Hier sollte man auf keinen Fall einen Eimer verwenden: Ein Gössel könnte in den Eimer springen, nicht mehr herauskommen und ertrinken.

Im Vergleich zu Hühnern und auch Enten trinken Gänse deutlich weniger. Der Grund ist plausibel: Die große Grasmenge, die sie aufnehmen, bringt schon einen hohen Wassergehalt mit sich. Lediglich bei höherem Gras, das unter Umständen auch schon etwas angetrocknet ist, wird wieder mehr Wasser aufgenommen.

# Junggänse anschaffen

Im Vergleich zu Enten sind junge Gänse und Gössel einfacher zu bekommen. Einen offensichtlichen Grund gibt es dafür eigentlich nicht. Vielleicht hallt die frühere Tradition der Gänsemärkte immer noch nach.

In Gegenden, die früher für ihre Gänsezucht bekannt waren, wie um den Fluss Leine, die Lippe-Region, das Ries oder auch Pommern, findet man noch heute Straßennamen wie Gänsemarkt, Gösselplatz usw. Sie sind ein eindeutiger Beweis für die große Bedeutung der Gänsezucht in früheren Zeiten. Schon damals wurden hauptsächlich Gössel gehandelt. Gössel deshalb, weil sie zum einen noch eine enge Bindung zum neuen Halter aufbauen konnten und zum anderen wegen der Nutzung der Federn, schließlich konnte gleich das erste fertige Gefieder gerauft werden. Die Federnutzung ist heutzutage in den Hintergrund getreten (zumal das Lebendraufen auch nicht mehr erlaubt ist), die Bindung an den Menschen ist für viele aber immer noch ein Argument für Gössel. Außerdem wachsen Gössel sehr schnell zu erwachsenen Tieren heran.

Junge Gössel haben eine recht stabile Konstitution. Daher kann man auch Anfängern raten, Gössel zu kaufen. Man bekommt sie heute wie damals eigentlich recht problemlos. Will man eine bestimmte Rasse, ist es aber auf jeden Fall sinnvoll, diese bei einem Rassegänse-Züchter vorzubestellen.

Voraussetzungen für die erfolgreiche weitere Aufzucht der Gössel sind ein trockener Stall und eine Wärmequelle, wie sie auch für Hühner gängig ist (Seite 56), bis die Heranwachsenden größtenteils befiedert sind. Spätestens, wenn das der Fall ist, können sie wie ausgewachsene Gänse gehalten werden. Wenn Sie ganz auf Nummer sicher gehen wollen, kaufen Sie bereits befiederte Junggänse im Alter von drei bis vier Monaten; auch die geben die Züchter manchmal ab, wenn zu viele Gänschen geschlüpft und die Weiden überlastet sind.

# Eigener Nachwuchs

Die natürliche Brut von Gänsen ist ein wunderschönes Erlebnis – wahrscheinlich noch eindrucksvoller als bei Hühnern und Enten. Das mag an der überaus intensiven Bindung der Elterntiere zu ihren Gösseln liegen und vielleicht auch ein bisschen am eindrucksvollen Größenunterschied zwischen Jung und Alt.

Die große Ursprünglichkeit von Gänsen sorgt dafür, dass die Naturbrut noch immer die vorherrschende Brutversion ist. Und im Gegensatz zu Hühnern lassen sich Gänse nicht so einfach in Lege- und Brutstimmung bringen. Sie nehmen sich einfach ihre Zeit und werden deutlich mehr von den Licht- und Wetterverhältnissen beeinflusst.

Die Kunstbrut ist bei Gänsen theoretisch auch möglich, verlangt vom Halter aber mehr ab als das Ausbrüten von Hühnereiern im Brutapparat.

## Naturbrut

Spielen Sie mit dem Gedanken, Ihre Gans brüten zu lassen, sollten Sie vorbereitet sein: Da im Gänsestall in der Regel kein festes Nest eingebaut ist, sollten Sie die entsprechenden Materialien im Bedarfsfall zur Hand haben. Sie merken sehr schnell, wenn die Gans sich einen Brutplatz sucht. Dann sollten Sie das Nest herrichten – am sinnvollsten in einer Ecke des Stalles. Viele Züchter verwenden trockene Grassoden und bauen damit ein Nest mit etwa 80 Zentimetern Durchmesser. Die Grassoden werden dabei mit den Wurzeln nach oben ausgelegt und anschließend zuerst mit Stroh, dann mit Heu ausgepolstert. Sehr wichtig ist, dass das Nest trocken ist. Legen Sie dann noch einen Holzrahmen aus Balken (ungefähr mit den Maßen 10 × 10 Zentimeter) drum herum, ist das Nest in aller Regel recht stabil. Aber bei aller gut gemeinter Vorbereitung: Das ist noch nicht die Gewähr, dass die Gans Ihr Nest auch annehmen wird. Gänse sind nämlich durchaus Individualistinnen. Stellen Sie fest, dass die Gans unbedingt an eine andere Stelle möchte, dann richten Sie ihr dort das Nest ein!

Diese Familie hellblauer Steinbacher Kampfgänse sichert ihre heranwachsenden Jungen durch Abschirmen und Fauchen.

Fränkische Landgänse brüten sehr zuverlässig.

Wenn Sie der Gans kein Nest anbieten, kann es vorkommen, dass die Eier einfach irgendwo gelegt werden.

Wenn sich Gans und Ganter die Federn im oberen Brustbereich auszupfen und sich die Gans am Nest zu schaffen macht, können Sie davon ausgehen, dass es bald mit dem Legen losgeht. Je nach Gänserasse, aber auch je nach Individuum, werden die Eier in unterschiedlichem Turnus gelegt: 1–0–1–0 ist möglich (das bedeutet zum Beispiel Montag 1 Ei, Dienstag kein Ei, Mittwoch 1 Ei, Donnerstag kein Ei usw.), aber auch 1–1–0–0 und weitere Varianten kommen vor.

Markieren Sie das erste gelegte Ei mit einem wasserfesten Stift, lassen Sie dieses als Nestei im Nest liegen und nehmen Sie die weiteren gleich nach dem Legen aus dem Nest. Sie werden später alle gleichzeitig wieder hineingelegt – das bewirkt, dass alle Gössel gleichzeitig schlüpfen. Selbstverständlich können Sie auch ein Nestei aus Gips oder Kunststoff verwenden. Unter Umständen kann es aber vorkommen, dass die Gans den Schwindel erkennt und das Ei herauswirft. Bei ganz großen Diven weigern sie sich anschließend sogar, die weiteren Eier dorthin zu legen. Das echte Nestei ist also die sicherere Variante.

Lagern Sie die entnommenen Eier auf der Seite liegend (also nicht aufrecht wie in einem Eierbecher) in einem Raum bei rund 10–15 °Celsius und bei rund 70 Prozent Luftfeuchtigkeit. Dazu können Sie die Eier mit einem leicht feuchten Tuch abdecken. Drehen Sie sie täglich um 180 ° um die Längsachse. Die maximale Lagerdauer sollte zehn Tage nicht überschreiten; jeder Tag weniger lässt die Erfolgsquote steigen.

Sobald die Gans mit dem Brüten beginnt, legen Sie ihr die Eier wieder unter. Das als Nestei verwendete Ei nehmen Sie bitte weg. Wenn Sie über mehrere Tage Eier gesammelt haben, ist es von Vorteil, wenn Sie die älteren Eier ein paar Stunden früher unterlegen als die Eier von gestern und vorgestern, damit die Gössel möglichst gleichzeitig schlüpfen.

In der künstlichen Aufzucht brauchen die Gänseküken eine Wärmequelle in Form eines Strahlers.

Wie bei allem anderen Geflügel muss auch die Gans täglich ihr Nest verlassen: zum Fressen, Trinken und Koten. Sollte sie nicht von sich aus gehen, müssen Sie die Gans vom Nest herunternehmen. Während dieser Zeit kühlen die Eier etwas aus, was ihnen aber gar nichts ausmacht. Werden Sie auch nicht ungeduldig oder unruhig! Gänse bleiben schon mal 45 Minuten vom Nest weg. Keine Panik, die Gänse wissen, was sie tun!

## Die Gössel schlüpfen

Nach 30 bis 32 Tagen Brutzeit schlüpfen die Gössel. Bei erfahrenen Gänsen läuft das Schlüpfen meistens sehr routiniert ab. Bei jungen, unerfahrenen Gänsen ist es aber angebracht, die schlüpfenden Gössel der Reihe nach in eine Wärmebox zu bringen. Das kann eine einfache Holzkiste mit einem etwa 40 Zentimeter hohen Rand sein, über der ein Dunkelstrahler angebracht ist. Wenn das letzte Gössel unter der Gans geschlüpft ist, geben Sie die weggenommenen Gössel wieder dazu.

Während die Kleinen in der Wärmebox sitzen, achten Sie darauf, dass sie sich gleichmäßig unter der Wärmequelle verteilen. Bei 30–32 °Celsius sollte das der Fall sein, aber bitte beobachten Sie hier die kleinen Gössel ganz genau und steuern Sie die Temperatur eventuell nach. Sonst kann es passieren, dass sie sich gegenseitig erdrücken. Manche Züchter lassen die Kleinen trotz Naturbrut auch im Brutapparat schlüpfen. Nach einem Tag sind sie in der Regel sehr stabil und können der Gans untergeschoben werden. Hier sind Gänse sehr großzügig im Annehmen der Gössel.

Übrigens, während des Schlupfvorganges sollte man den Ganter von der Gans trennen. Ein Brett, das er nicht übersteigen kann, reicht hier aus. Sind alle geschlüpft, darf er ruhig wieder dazu. Lediglich die Nacht sollte er wieder getrennt verbringen und die Gans mit ihren Gösseln absolute Ruhe haben.

Haben Sie andere Gänse, dürfen die gerne dabeibleiben. Entweder brüten sie selbst oder sie sind interessierte „Tanten". In aller Regel haben die jungen Gössel von ihnen nichts zu befürchten. Aber: Vertrauen ist gut, Kontrolle ist besser! Sollten Sie feststellen, dass die anderen Gänse die Gössel belästigen, teilen Sie ein Stück vom Stall ab.

## Kunstbrut

Die Kunstbrut ist bei Gänsen etwas aufwendiger als bei Hühnern (Seite 55), gerade, was das Kühlen und auch die hohe Luftfeuchtigkeit angeht. Kühlen heißt, dass Sie die Eier aus der Brutmaschine nehmen und eine bestimmte Zeit bei Raumtemperatur liegen lassen. Einige Brutapparate bieten aber auch dafür eine Automatik an, sodass die Eier nicht herausgenommen werden müssen.

### Einstellungen des Brutapparats

Vor allem für Anfänger ist es sinnvoll, Sie legen diese Daten neben die Brutmaschine und streichen eventuell sogar die Tage ab, damit Sie sich gut orientieren können.

**Temperatur:**

- 1.–24. Tag: 37,6 °C
- 25.–27. Tag: 37,4 °C
- ab dem 28. Tag: 37,2 °C

**Luftfeuchtigkeit:**

- 1.–10. Tag: 60 Prozent
- 11.–27. Tag: 70 Prozent
- ab dem 28. Tag: 80–90 Prozent

**Wenden der Eier:**

- 1. Tag: nicht wenden
- 2.–24. Tag: dreimal täglich um 180 ° um die Längsachse (der Brutapparat kann entsprechend programmiert werden)
- ab dem 25. Tag werden die Eier nicht mehr gewendet

**Kühlen:**

- 1.–6 Tag: nicht kühlen
- 7.–12. Tag: zweimal täglich je 10 Minuten
- 13.–17. Tag: zweimal täglich je 15 Minuten
- 18.–24 Tag: zweimal täglich je 20 Minuten
- 25. Tag bis zum Anpicken der Eier: zweimal täglich 30 Minuten

Das Umlegen der Eier auf die Schlupfhorde des Brutapparates erfolgt am 28. Bruttag.

## Gössel füttern

Grundlage der Gösselfütterung ist entweder spezielles Gänsekükenfutter oder alternativ sogenanntes Kükenfutter, wie man es Hühnern gibt. Dieses darf aber auf keinen Fall Kokzidiostatika enthalten – das wäre für Ihre kleinen Gänseküken tödlich. Achten Sie unbedingt darauf! Unter das Futter sollten Sie so oft es geht geschnittene frische Brennnesseln mischen. Brennnesseln sind das Gösselgrünzeug schlechthin!

Sobald das Wetter schön ist, lassen Sie Ihre Gössel ins Freie und auf die Wiese. Dort knabbern sie von Anfang an am Gras herum. Spätestens ab der siebten Lebenswoche müssen Sie aber kräftig zufüttern, da die Gänse in dieser Zeit stark wachsen. Hierzu eignet sich Hafer am besten. Mit guten 13 Wochen ist diese Phase überwunden, sodass Sie das Zufüttern wieder etwas zurückfahren können. Sinnvoll ist es, wenn Sie die Fütterung aufteilen: also zum Beispiel morgens eine kleinere Ration von etwa einem Drittel und abends zwei Drittel. Auf diese Weise lassen sich die Gänse auch einfach in den Stall für die Nacht locken.

# Nutzen

Früher war der vielseitige Nutzen der Grund für die Gänse-Haltung. Heute sind Gänse fast schon Heimtiere. Dennoch sollten Sie sich die Produkte und Vorteile, die die Gans den Menschen bietet, einmal genau anschauen. Sie werden wie unsere Vorfahren begeistert sein.

Hochwertiges Fleisch und viele Federn und Daunen liefert jede Gans. Während früher die Federn schon zu Lebzeiten des Tieres verwendet wurden, ist das sogenannte Lebendraufen heute verboten und Sie müssen die Gans schlachten, um die Federn zu erhalten.

## Fleisch

Gänsefleisch ist bis heute absolutes Saisonfleisch, das vor allem um Martini und an Weihnachten gegessen wird. Das hängt damit zusammen, dass früher zu diesen Zeiten die Gänse ausgemästet waren und das relativ fettreiche Fleisch gut zur Winterküche passte. Heute haben sich die Zubereitungsmethoden in der Küche und damit die Rezeptvielfalt wesentlich erweitert. In der Folge ist Gänsefleisch zu jeder Zeit eine Delikatesse.

Die Fleischmenge einer Gans ist übrigens nicht so üppig, wie es auf den ersten Blick scheint. Landläufig hat man schon immer gesagt, dass die Gans ein komisches Tier ist: Für eine Person ist es zu viel, für zwei zu wenig Fleisch. Nun ja, ganz so ist es nicht. Aber es hat schon seinen Grund, dass die meisten Gänse an Weihnachten üppig gefüllt werden, wenn die Familie satt werden soll.

## Federn und Daunen

Die Feder- und Daunenmenge ist bei Gänsen selbstverständlich größer als bei Enten. Die Gewinnung funktioniert auf die gleiche Weise mithilfe einer Trockenrupfmaschine oder per Hand. Da nach dem Schlachten die Gans sowieso gerupft werden muss, schlagen Sie doch einfach zwei Fliegen mit einer Klappe und verwerten Sie die wertvollen Federn und Daunen mit!

Die gerupften Federn sammeln Sie am besten in einem Kissenbezug und lassen Sie sie an einem trockenen, luftigen Ort vollständig austrocknen. Nach etwa drei bis vier Wochen können Sie die Federn zur Reinigung bringen und Kissen oder Decken anfertigen lassen – viele Bettenfachgeschäfte bieten diesen Service noch an. Haben Sie nach dem ersten Mal Schlachten nicht genügend Federn beisammen, können Sie auch sammeln. Aber die Federn müssen immer luftig gelagert werden!

## Eier

Gänseeier sind im Vergleich zu Hühnereiern riesig. Während die meisten Hühnereier ein Gewicht zwischen 50 und 65 Gramm auf die Waage bringen, sind Gänseeier meistens zwischen 150–200 Gramm schwer. Selbstverständlich können Sie die Eier essen und genauso verwenden wie Hühnereier. Im Gegensatz zu Enteneiern brauchen Sie nicht unbedingt durcherhitzt werden.

Leider legen Gänse nicht das ganze Jahr über und auch die Anzahl der Eier ist fast zum Vernachlässigen klein. Sie variiert je nach Bruttrieb der Gänse. Je größer der Bruttrieb, desto geringer die Eizahl. Man kann etwa von 15 bis 40 Eiern ausgehen. Gänseeier sind also immer eine Besonderheit in der Küche. Unser Tipp: Schlagen Sie die Eier nicht einfach auf, sondern blasen Sie sie aus! Solche Gänseeier sind nämlich zum Basteln sehr beliebt.

## Mist für den Garten

Gänse sind große, verhältnismäßig schwere Tiere, die täglich eine ganze Menge an Grünzeug und Körnerfutter fressen – das sorgt dafür, dass auch entsprechend viel Kot anfällt. Im Gänsestall gibt es keine Sitzstange mit darunterliegendem Kotbrett, wie man es für Hühner herrichtet. Das heißt, dass der bei Nacht abgegebene Kot komplett in der Einstreu landet. Da Gänseställe in der Regel mit Stroh eingestreut werden, kommt eine recht ordentliche Menge an „Biomasse" zusammen.

Der Mist, also Kot und Stroh zusammen, kann kompostiert und dann als hochwertiger Dünger im Garten verwendet werden. Früher wurde im Herbst beim Umgraben des Gartens frischer Gänsemist eingearbeitet. Durch den hohen Strohanteil sollte das der Verbesserung der Bodenstruktur dienen. Diese Methode wendet man heute weniger an, da man sich mehr Gedanken um die Auswaschung von Inhaltsstoffen macht.

# Puten und Perlhühner: weiteres Geflügel halten

Während Puten auf dem Geflügelhof noch vergleichsweise häufig zu finden sind, zählen Perlhühner zu den Seltenheiten. Nicht nur vom Aussehen her sind sie etwas Besonderes. Auch das Verhalten ist anders, als Sie es wahrscheinlich erwarten.

Die Pute begegnet den meisten Menschen heutzutage eher in Form des Putenschnitzels. Wie die Tiere aussehen, wissen wahrscheinlich die wenigsten. Noch weniger kennen sicherlich Perlhühner vom Angesicht.

## Puten

Bei Puten scheiden sich die Geister: Manche finden sie ausgesprochen hässlich, andere total faszinierend. Sie stellen die größte Art des Hausgeflügels dar. Und egal, ob die Bezeichnung Pute oder Truthahn lautet – gemeint ist immer das Gleiche.

Puten, hier eine Cröllwitzer Pute, sind die größten Vertreter auf dem Geflügelhof.

Puten sind wahrscheinlich das am meisten unterschätzte Geflügel. Spätestens, wenn Sie einmal die Chance hatten, eine Landpute im Freilauf zu beobachten, erkennen Sie ihren enormen Bewegungsdrang – und das trotz ihres stattlichen Gewichtes. Im Gegensatz zu allen anderen Hausgeflügelarten, die Perlhühner vielleicht ausgenommen, sind Puten äußerst selbstständige Gesellen mit großem Freiheitsdrang. Wahrscheinlich ist das ein Überbleibsel ihres Ursprungs. Sie stammen von den in Nordamerika lebenden Wildputen ab und haben sich noch sehr viel von ihren wilden Ahnen erhalten. Die Domestikation fand wahrscheinlich bei den indigenen Bevölkerungsgruppen Nordamerikas statt.

Einfach nur imposant: ein Bronze-Puter in voller Balz.

Puten sind von ihrem Aussehen her wirklich einzigartig. Da wäre zum einen die imposante Größe, zum anderen die besonderen Körpermerkmale. Beide Geschlechter zeigen die nackte Kopf- und Kehlhaut, die mit dichten Fleischwarzen besetzt ist. In voller Erregung schwellen diese Körperpartien stark an und schimmern in verschiedensten Rot- und Blautönen. Besonders ins Auge fällt der sogenannte Nasenzapfen, der bei Hähnen in Erregung sehr lang werden kann und deutlich über den Schnabel hinausragt. Mehrjährige Hähne haben ein rosshaarähnliches Federbüschel im Brustbereich. Zugegeben, alles in allem ein merkwürdiger oder zumindest gewöhnungsbedürftiger Anblick.

Kein anderes landwirtschaftliches Nutztier wurde in den letzten Jahrzehnten so intensiv züchterisch „bearbeitet“ wie die Pute. Schuld daran ist der Ruf nach immer mehr magerem Putenfleisch. Entstanden ist eine Hybridlinie, die unter dem Namen Doppelbrustpute zumindest in der industriellen Landwirtschaft für Furore gesorgt hat. Dass diese überdimensionierten, armen Geschöpfe am Ende der Mastphase sich im Grund kaum mehr auf den Läufen halten können, ist die andere Seite der Medaille.

Das fettarme Putenfleisch wird schon immer in der Küche geschätzt: nicht nur das im Supermarkt allgegenwärtige Putenbrustfilet, sondern auch das „richtige“ Putenfleisch. Die Tatsache, dass Puten eigentlich den ganzen Tag auf Achse sind, wirkt sich auch auf die Fleischqualität aus. Nicht umsonst liest man in vielen alten Büchern von den „sieben verschiedenen Fleischsorten einer Pute“, vom hellen, im gebratenen Zustand nahezu weißen Brustfleisch bis hin zum relativ dunklen Fleisch an den Schenkeln. Herausfordernd kann die ungeheure Fleischmenge sein, die eine Pute besitzt. Man braucht schon gewisse handwerkliche Fähigkeiten, um solch einen Schlachtkörper zu zerlegen.

Die Puteneier können Sie übrigens selbstverständlich in der Küche verwenden, und zwar auf dieselbe Weise wie Hühnereier.

Fühlen Puten sich wohl, recken und strecken sie sich regelmäßig.

Für den Hobbyhalter kommen Putenhybriden sicherlich nicht infrage. Es gibt erfreulicherweise Alternativen, die mit ihrem normalen, arttypischen Fleischansatz den Ansprüchen der Halter gerecht werden und dabei gesunde Tiere hervorbringen. Klassische Putenrassen gibt es dabei nur wenige. Sie alle haben einen deutlichen Gewichtsunterschied zwischen Hahn und Henne sowie Jung- und Alttieren. Am schwersten sind immer die Althähne (älter als zwei Jahre).

Die Putenrassen werden mehrheitlich unter der Bezeichnung Deutsche Puten zusammengefasst, wobei es mehrere Gewichtsklassen gibt. Bei den schweren Farbenschlägen bringen es die Althähne auf bis zu 15 Kilogramm Gewicht, die Mittelschweren auf immerhin 12 Kilogramm und die Leichten „nur“ noch auf 8 Kilo. Auch im Ausland gibt es Putenrassen; am ehesten kennt man noch die farbenfrohen Ronquiéres-Puten, die bei uns allerdings nur eine Randerscheinung sind. Am bekanntesten sind die Bronzeputen, die von ihrem Erscheinungsbild den Wildputen am ähnlichsten sind. Die offizielle Bezeichnung lautet: Deutsche Pute, bronzefarbig. Sie haben aber nichts mit den bei Geflügelhändlern angebotenen Bronzeputen gemein – das sind wiederum Hybridputen wie die weißen Doppelbrustputen auch (mit all den bei Hybridgeflügel kritisch zu beurteilenden Aspekten, Seite 12). Echte Bronzeputen bekommt man nur bei Rasseputen-Züchtern.

Eigentlich sind alle Puten vergleichsweise große Tiere. Nur die seit Kurzem in Deutschland anerkannten, aus Italien stammenden Euganeischen Puten machen eine Ausnahme – sie entsprechen vom Gewicht her einer sehr großen Hühnerrasse.

Puten sind äußerst anspruchslos in der Haltung – unter der Voraussetzung, dass sie die kritische Kinder- und Jugendzeit überstanden haben. Allerdings brauchen sie als größte Vertreter der Hühnervögel viel Platz. Je größer ihr Gelände, desto wohler fühlen sie sich. Ideal wären Obstwiesen oder ein Stück Wald, denn sie lieben das Laufen. Und das käme auch ihrem Drang aufzubaumen, also sich auf einen Baum zu setzen, zugute. Das illustriert, dass sie trotz ihres behäbigen Körperbaus und hohen Gewichts ganz passabel fliegen können. Daher sollten Sie um das Gehege auch einen mindestens 1,50 oder 2 Meter hohen Zaun einplanen. Aber selbst das hindert sie nicht, diesen zu überfliegen, wenn sie sich erschrecken. Ist der Auslauf eher begrenzt, kann ein Netz als Schutz zum Überfliegen sinnvoll sein.

Grünkohl ist ideales Geflügelfutter, er ist leicht anzubauen und auch im Winter eine wichtige Vitaminquelle.

Puten würden problemlos im Freien leben können und die Nacht auf einem Baum zubringen, wäre da nicht der Fuchs! Also müssen Sie ihnen über Nacht einen Stall bieten. Entweder Sie locken Ihre Puten abends mit Futter oder Sie treiben sie langsam hinein – auf jeden Fall bevor es dunkel wird, da sie sonst wahrscheinlich schon auf den Bäumen sitzen. Der Stall selber muss groß sein, damit die Puten Platz haben. Sie brauchen hoch angebrachte und vor allem stabile Sitzstangen – oder besser gesagt „Sitzbalken“: Holzbohlen von 10 × 10 Zentimetern sind bei den schweren Farbenschlägen durchaus angebracht. Brauchen Sie mehrere Sitzstangen, bringen Sie sie bitte auf einer Ebene an. Da Puten immer nach oben streben, könnte es ansonsten passieren, dass alle Tiere zur obersten Sitzstange fliegen und es dann zu Auseinandersetzungen kommt.

Für Puten muss naturgemäß alles eine Nummer größer und stabiler sein: große Tränken, Futtertröge und generell die Stallfläche – pro Tier sollten Sie mindestens 1,5 Quadratmeter rechnen.

Puten nehmen bei ihren Streifzügen viel Nahrung in Form von Insekten, Weichtieren und Grünzeug auf – je ergiebiger diesbezüglich der Auslauf, desto besser für die Puten. Im Gegensatz zu Hühnern scharren Puten höchst selten, sodass Putenausläufe in der Regel ihre Grasnarbe behalten. Sie weiden eher, den Gänsen ähnlich, das Gras ab. Während Gänse jedoch sehr tief fressen, bevorzugen Puten die Grasspitzen.

Intensive Gefiederpflege gehört auch bei Bronzeputen zum Wohlfühl-Repertoire.

Hauptbestandteil des Putenfutters ist Getreide. Fertige Puten-Futtermittel sollten Sie nur in Pellet- und nicht in Mehlform verwenden. Bleiben nämlich Futtermehl-Reste im Bereich des Nasenzapfens hängen, könnten diese von Artgenossen weggepickt werden, was schnell zu großen Blutungen führen könnte. Viele der fertigen Pelletfutter sind für normale Landputen allerdings zu energiereich. Eine gute Alternative ist eine Mischung aus einem Fertigfutter und purem Getreide.

Wahre Leckerbissen sind Eicheln und Bucheckern sowie Milchprodukte. Sie können den Puten auch Krümelfutter anbieten (Seite 43). Wichtig ist nur, dass das Futter gehaltvoll und nicht einseitig ist. Bei Puten ist der Kropf im Vergleich zur Körpergroße recht klein, sodass eine gute Nährstoffzufuhr noch wichtiger ist als bei anderem Geflügel.

Wie bei allen großen Tieren fressen auch Puten während des Wachstums stattliche Mengen. Das sollten Sie nicht unterschätzen. Ausgewachsen sind sie allerdings äußerst genügsam, erst recht wenn sie einen guten Auslauf haben, in dem sie viel Futter selbst suchen können.

Als Vogel, der sehr viel läuft, braucht eine Pute eine große Auslauffläche.

Puten sind aufgrund ihrer Ursprünglichkeit perfekte Brüterinnen und liebevolle Mütter.

Trotz ihrer Größe sind Puten zutrauliche und relativ ruhige Tiere. Ihren eigenartigen Ruf lassen Sie in der Regel morgens erklingen, wenn sie aus dem Stall kommen. Haben sie sich dann beruhigt, sind sie tagsüber recht ruhig. Zu größerer Aufregung kommt es nur, wenn sie erschrecken. Ein Hund, der bellend auf den Zaun zuspringt, kann eine Pute, selbst ein ganz schwere, problemlos zum Überfliegen des höchsten Zaunes bringen.

## Perlhühner

Perlhühner sind schon alleine aufgrund ihres exotisch anmutenden Aussehens, ihres besonderen Verhaltens und erst recht ihres schrillen Geschreis wegen kein „Allerweltsgeflügel". Obwohl man die Perlhühner wie Hühner, Enten und Gänse zum Hausgeflügel zählt, haben sie sich sehr viel ursprüngliches, ja, ein fast wildes Verhalten erhalten.

Perlhühner stammen vom Helmperlhuhn, das in Afrika zu Hause ist, ab. Von der Größe her entsprechen sie einem durchschnittlichen Huhn. Als Rasse gibt es nur das Perlhuhn, dieses aber in verschiedenen Farbenschlägen. Gewöhnungsbedürftig ist das nackte Kopfgefieder mit dem charakteristischen Hornhelm und den seitlichen Kehllappen. Beim Hahn ist der Helm etwas üppiger und kräftiger und die Kehllappen nach vorne gerichtet, während sie bei den Hennen nach hinten gerichtet sind. Das deutlichste Unterscheidungsmerkmal der Geschlechter ist jedoch die Stimme. Hennen rufen langgezogen, Hähne haben einen dreisilbigen Revierruf. Und schon sind wir bei einem wichtigen Charakteristikum der Perlhühner: ihrem Ruf.

Sie haben einen lauten, manchmal geradezu ohrenbetäubenden Ruf. Meist ist es dieses Geschrei, das viele mit Perlhühnern verbinden – mehr wissen die

Perlhühner, hier im Farbenschlag perlgrau, sehen exotisch aus, sind aber eigentlich typisches Hausgeflügel – auch wenn sie heute eher selten gehalten werden.

wenigsten über sie. Ja, es stimmt! Perlhühner können sehr laut sein. In der Regel lassen sie ihren Ruf aber nur erschallen, wenn sie erschreckt werden, Gefahr verspüren oder das Geschlechterverhältnis in der Gruppe nicht stimmt. Ansonsten sind Perlhühner sogar relativ leise.

Da Perlhühner äußerst aufmerksam sind, erahnen sie schon eine Gefahr, wenn alle anderen Tiere noch nicht im Entferntesten daran denken. Kein Wunder, dass sie früher die „Wächter" auf dem Geflügelhof waren.

Oft hängt das Geschrei mit der Unwissenheit der Halter zusammen, die die Gruppe falsch zusammenstellen. Perlhuhn-Hähne orientieren sich immer nur an ein bis zwei Hennen und leben mehr oder weniger mit diesen zusammen. Leben jedoch mehrere Hennen in der Herde, rufen sie vor allem am frühen Morgen und abends nach Hähnen – und schon hat man das Geschrei! Mit Ausnahme der Brutzeit sind Perlhuhn-Hähne untereinander durchaus verträglich.

Perlhühner sind sehr anspruchslos. Die Haltung ist denkbar einfach. Sie können sich dabei an der Haltung von Hühnern orientieren, mit denen sie auch oft zusammen gehalten werden. Perlhühner sind aber keine Hühner! Das muss man immer wieder betonen. Perlhühner haben einen immensen Bewegungsdrang –

und den müssen sie ausleben können. Sie sind ständig auf Achse und picken mit ihrem kräftigen Schnabel die Erde auf, um nach Wurzeln, Kerbtieren, Würmern usw. zu suchen. Perlhühner machen aber auch vor einer Maus nicht Halt, wenn sie sie schnappen können. Perlhuhn-Ausläufe können also durchaus strapaziert aussehen, gerade im Herbst nach längeren Regenperioden. Haben Perlhühner einen großen Auslauf, brauchen Sie nur wenig zufüttern, da sie im Auslauf bereits viel finden.

Ein Perlhuhnstall entspricht im Wesentlichen einem normalen Hühnerstall. Sie sollten aber die Sitzstangen höher anbringen, da Perlhühner sehr gerne aufbaumen und auch gut fliegen können. Selbstverständlich können Sie in einer geschützten Ecke auch ein Legenest anbringen; es sollte nach vorne aber nicht ganz offen sein. Perlhühner bevorzugen für ihre Eiablage ein geschütztes Nest. Aber selbst dann ist nicht garantiert, dass sie ihre Eier auch dort hineinlegen. Diesbezüglich sind Perlhühner nämlich noch richtige „Wildtiere“. Sie legen ihre Eier da ab, wo es ihnen passt.

Perlhühner brüten in den seltensten Fällen selbst. Das heißt, dass Sie auf die künstliche Brut angewiesen sind, wenn sie selber nachzüchten wollen. Die Perlhuhnküken können Sie wie Hühnerküken aufziehen (Seite 56). Sie sollten aber sehr viel Grünzeug und auch etwas tierisches Eiweiß bekommen, ansonsten können Sie auf ganz normales Hühnerküken-Aufzuchtfutter zurückgreifen.

Perlhühner können fliegen und machen von ihren Flügeln auch Gebrauch. Ein 2 Meter hoher Zaun ist für sie kein Problem, aber sie fliegen fast nur dann so hoch, wenn sie erschrecken oder sich bedrängt fühlen. Sollen Ihre Perlhühner zuverlässig im Auslauf bleiben, werden Sie um eine Übernetzung nicht herumkommen. Ansonsten werden Sie damit leben müssen, dass immer wieder mal ein Perlhuhn – manchmal auch die ganze Truppe – über den Zaun fliegt. In der Regel bleiben sie aber in der Nähe und wollen am Abend auch wieder hinein – noch dazu wenn Sie ein gutes Körnermischfutter anbieten.

Perlhühner sehen nicht nur außergewöhnlich aus, sie sind auch „richtige“ Nutztiere. Perlhuhnfleisch ist eine Delikatesse ersten Ranges und in Frankreich fester Bestandteil der Haute Cuisine. Die Eier können genauso wie Hühnereier verwendet werden, haben allerdings eine sehr harte Schale. Von der Größe her sind sie eher mit Zwerghuhneiern zu vergleichen.

Perlhühner sind also wirklich interessantes Geflügel, das leider ungerechterweise in Verruf geraten ist. Man muss sich mehr als bei anderem Geflügel mit ihrem arttypischen Verhalten auseinandersetzen, um mit ihnen glücklich zu werden.

# Verschiedene Geflügelarten zusammen halten

Grundsätzlich spricht nichts gegen die gemeinsame Haltung verschiedener Arten des Geflügels. Der Schlüssel zum Erfolg liegt aber immer im zur Verfügung stehenden Platz. Auf jeden Fall sollte man sich nicht unvorbereitet in dieses Abenteuer stürzen.

Grundsätzlich können Hühner oder Zwerghühner mit Enten oder Gänsen, Enten mit Gänsen oder auch alle drei Arten zusammen gehalten werden. Selbst andere Geflügelarten wie Puten und Perlhühner können noch dazukommen. Für ein harmonisches Zusammenleben gibt es aber vieles zu beachten.

## Wer mit wem?

Sie müssen bei der Vergesellschaftung der verschiedenen Arten den unterschiedlichen Größen und vor allem auch den unterschiedlichen Verhaltensweisen und Wesen gerecht werden. Eines muss Ihnen klar sein: Mehrere Geflügelarten zusammen halten bedeutet mehr Aufwand.

Die meisten Geflügelliebhaber starten mit Hühnern oder Zwerghühnern und bekommen dann Lust auf anderes Geflügel. Der nächste Schritt führt sie meistens zu Laufenten. Entweder es ist das besondere Aussehen dieser Enten oder ihr Ruf als Schneckenjäger, die sie so beliebt machen. Der Vollständigkeit halber sei gesagt, dass jede Ente Schnecken frisst und die Laufente nur eine unter vielen Entenrassen ist. Enten haben im Vergleich zu Gänsen den Vorteil, dass sie weniger Platz benötigen, dafür brauchen sie aber zwingend eine Bademöglichkeit. Enten sind absolute „Wassertiere", während Gänse eher Weidetiere sind, die gerne baden. Kurzum: Hühner und Enten sind eine häufig praktizierte Kombination.

Da Enten und Gänse wiederum nicht so verschieden sind, klappen auch die Konstellationen Hühner und Gänse sowie Enten und Gänse. Ausnahmen bilden vielleicht die Steinbacher Kampfgänse und die Höckergänse: Sie sind einfach etwas aktiver und ursprünglicher, was im Zusammenleben aggressiver daherkommt. Das ist übrigens auch bei den großen Kämpferrassen der Hühner der Fall, wie Shamo und Asil. Diese sollten Sie wirklich nur für sich halten.

Bis auf die eben genannten Einschränkungen lassen sich Enten und Gänse meistens völlig problemlos zusammen halten. Beide gehören zum Wassergeflügel und haben in etwa auch die gleichen Ansprüche. Ihr Revierverhalten und auch das Verhalten zwischen den Tieren ist meistens weniger ruppig als bei Hühnern. Während der Paarungsphase kann das kurzzeitig etwas anders sein; da spielen die Hormone verrückt.

Um die Probleme nach Möglichkeit von vornherein zu dezimieren, sind größere, vor allem strukturierte Ausläufe unbedingt nötig, damit sich die Tiere der unterschiedlichen Arten aus dem Weg gehen können. Dabei ist nicht einmal gesagt, dass ein kleineres Tier von einem größeren unterdrückt und tyrannisiert wird. Ein Antwerpener Bartzwerghahn kann eine deutlich größere Ente durchaus verletzen. Sei es nun mit dem Schnabel oder auch mit messerscharfen Sporen, die sich bei mehrjährigen Hähnen bilden. Im Vergleich zu Hühnern sind Gänse eher unbeweglich und langsam. Außerdem haben sie nur einen Schnabel, mit dem sie, zugegeben, zwar stark beißen, aber eben nicht picken können. Und Sporen haben sie auch nicht. Wenn Sie also einen Hahn zwischen Gänsen und Enten halten wollen, dann achten Sie bitte darauf, dass er ausreichend Hennen bei sich hat. Dann lassen die meisten Hähne auch im Trieb die Gänse und Enten in Ruhe.

Gerne können Sie Puten und auch Perlhühner mit allem Geflügel – in der Praxis häufig Hühner – vergesellschaften und eine richtige Geflügelschar laufen lassen. Gerade Puten sind recht gutmütige Tiere, obwohl man ihnen von der Größe her vielleicht gern etwas anderes unterstellt. Nur die Küken von Puten und Hühnern sollten Sie nicht zusammen aufziehen wegen der gefürchteten Schwarzkopfkrankheit (mehr dazu Seite 136), als erwachsene Tiere können sie zusammen leben.

Ein Zusammenleben der verschiedenen Arten ist wesentlich einfacher, wenn alle Tiere etwa der gleichen Altersklasse angehören. Das heißt also, entweder sind alle Tiere ausgewachsen oder allesamt in einem heranwachsenden Alter. Der Knackpunkt ist dabei immer das voll ausgebildete Gefieder. Sobald im gleichen Stall noch Tiere mit unvollständigem Gefieder, also mit einem erhöhten Anteil an Flaum sind, kann es Schwierigkeiten geben. Sind gar Federkiele sichtbar, verleitet das die Hühner fast zwangsläufig dazu, einmal daran zu picken. Das kann der Beginn von Federpicken sein (Seite 36).

## Wichtigste Grundvoraussetzung: viel Platz

Bei der gemeinsamen Haltung verschiedener Arten müssen Sie einerseits die speziellen Anforderungen der jeweiligen Geflügelart beachten, andererseits ist der Faktor Platz entscheidend. Prüfen Sie also zunächst, ob Sie die Voraussetzungen für jede einzelne Art hätten. Das heißt: Können Sie Ihren Hühnern ausreichend Platz in einem Auslauf bieten, sodass die Grasnarbe erhalten bleibt? Haben Sie genügend Weidefläche, um Gänsen ein Auskommen zu bieten, sodass sie sich fast ausschließlich davon ernähren könnten? Wie sieht es mit einer Badegelegenheit für Enten aus?

Sie dürfen bei der Betrachtung der Platzfrage aber nicht nur die Auslauffläche berücksichtigen. Mindestens so wichtig ist die Stallfläche, die Sie Ihren Tieren bieten müssen. Der Platzbedarf für eine einzelne Rasse muss bei der Vergesellschaftung verschiedener Arten sehr viel großzügiger als üblich angenommen werden, da neben der Individualdistanz zwischen den einzelnen Tieren vor allem ein Abstandhalten zwischen den Arten möglich sein muss. Passt das nicht, sind Auseinandersetzungen mit Unruhe, Stress und weiteren negativen Folgen zu erwarten.

Bitte denken Sie in diesem Zusammenhang nicht nur an den Zeitraum einer Nacht, sondern berücksichtigen Sie auch die Zeiten der Vogelgrippe, die – zumindest in einzelnen Regionen – mit einer längeren Stallhaltungspflicht einhergeht. Mit dieser Geisel der Geflügelhaltung werden wohl alle zukünftig leben müssen. Selbst in Regionen, wo das bisher nur selten der Fall war, muss man sich darauf einstellen.

## Knackpunkt Wasser

Da Enten auf jeden Fall eine Badegelegenheit brauchen, kann es sein, dass auch Hühner damit in Berührung kommen. Normalerweise passiert nichts. Kommt es aber zu Auseinandersetzungen zwischen den Arten, kann ein Huhn in Panik durchaus auf die Wasserfläche geraten. Bitte beachten Sie: Hühner können nicht schwimmen! Sie gehen unter und ertrinken. Logischerweise ist die Gefahr bei einer flachen Duschwanne geringer als bei einem Teich. Was Enten also entgegenkommt, kann für Hühner eine Gefahr darstellen. Sie ahnen es bestimmt schon: Der Platz muss so groß sein, dass sich die unterschiedlichen Arten aus dem Weg gehen können und es gar nicht erst zu Panik kommt.

Problematisch ist auch ein Auslauf, der durch die Entenhaltung zu stark beansprucht ist. Bilden sich hier schlammige Stellen, in denen sich vielleicht sogar noch Wasser sammelt, sind Ihre Hühner ganz erpicht darauf. Das schmutzige Wasser, eventuell sogar noch mit Kot vermischt, scheint ihnen besser zu schmecken als das frischeste, sauberste Wasser in der Tränke. Das bedeutet eine deutlich höhere Infektionsgefahr mit Kokzidien, Würmern und sogar Salmonellen. Um hier entsprechend reagieren zu können, sollten Sie mindestens zweimal jährlich eine Kotprobe beim Tierarzt untersuchen lassen. Je nach Befund bekommen Sie von diesem entsprechende Arzneimittel.

## Ein Stall für alle

Sie können für das Federvieh einen gemeinsamen Stall vorsehen. Durch die unterschiedliche Platzierung während der Nacht, kommen sich zumindest Hühner, Enten und Gänse hier nicht in die Quere. Während Hühner auf die Stange gehen, bleiben Enten und Gänse auf dem Boden. Manche Warzenenten gehen gegen Abend ebenfalls auf die Sitzstange, das sind aber eher die Ausnahmen. Sie müssen also die übliche Einrichtung eines Hühnerstalles nur mit einer größeren Bodenfläche kombinieren.

Der Stall muss trocken sein. Während Wassergeflügel mit einer etwas höheren Luftfeuchtigkeit noch eher zurechtkommt, leiden Hühner massiv darunter. Sie müssen also, um das „Gematsche" des Wassergeflügels auszugleichen, die Stalleinstreu wesentlich öfter wechseln und auch häufiger nachstreuen als bei reiner Hühnerhaltung. Das bedeutet auch, dass das Mistaufkommen deutlich höher ist. Eine klassische Tiefstreu, wie sie bei Hühnern ohne Probleme funktioniert (Seite 129), lässt sich deshalb nicht realisieren.

Noch wichtiger als bei der Haltung von Wassergeflügel allein ist es bei einer gemischten Haltung, den Bereich um die Tränke unter allen Umständen trocken zu halten. Die Tränke sollten Sie auf jeden Fall auf einen Drahtrost stellen (Seite 72). Als Gefäß eignet sich eine große Hühnertränke, sie reicht auch für Enten und Gänse aus. Einige Halter sind dazu übergegangen, die Tränke abends aus dem Stall zu nehmen und erst am nächsten Morgen wieder hinzustellen. Sollte es zu Auseinandersetzungen im Stall kommen, wird so verhindert, dass die Tränke umfallen und die Stalleinstreu nass werden kann. Da die Tiere in der Nacht sowieso nicht trinken, ist dies durchaus eine Möglichkeit.

## Die Alternative: getrennte Ställe

Eine Alternative zu einem sehr großen Stall für alle Arten gemeinsam, können Einzelställe sein. Das ist natürlich ideal und wo immer möglich auch anzustreben. Das hat den großen Vorteil, dass die Arten unter sich sind und Sie sich bezüglich der Verträglichkeit viel weniger Gedanken machen müssen. Das ist besonders während des Fressens, des Schlafens und während der Stallpflicht von Vorteil.

Halten Sie Hühner, Gänse und Enten, müssten Sie also drei separate Ställe haben, unter Umständen wären aber auch ein Hühnerstall und einer fürs Wassergeflügel ausreichend. Das bedeutet für Sie dann aber auch, an zwei oder gar drei Stellen zu füttern, Wasser zu geben, zu misten usw. – alles zusammen also ein deutlich höherer Arbeitsaufwand.

Nur um eines brauchen Sie sich eigentlich kaum Gedanken machen: Mit etwas Übung gehen die jeweiligen Arten abends schön getrennt in ihren jeweiligen Stall. Zu Beginn kann es helfen, wenn Sie die Tiere mit einem langen Stab, zum Beispiel einem Haselnussstecken, etwas „sortieren" und ihnen den Weg zeigen. Und auch hier gilt: Futter wirkt Wunder! Die Tiere orientieren sich überraschend schnell und Sie brauchen dann eigentlich nicht mehr danach schauen.

## Unterschiedliche Nester

Während Hühner ihre Eier bevorzugt im Stall legen, suchen Enten auch gerne im Freien nach einer für sie passenden Stelle. Selbst wenn Sie ihnen die allerschönsten Nester anbieten, kann es sein, dass sie die Eier verlegen. Ein Trick wäre, die Enten morgens etwas länger im Stall zu lassen, bis sie gelegt haben. Manche Enten lassen sich auch durch ein Nestei täuschen und legen dann ihre Eier dazu. Nur ganz selten passiert es, dass Enten in die Nester von Hühnern legen – diese sind ihnen in der Regel zu hoch angebracht. Andersherum kann es durchaus vorkommen: Hühner legen dann ihre Eier in die Entennester. Wenn Sie also Enten und Hühner gemeinsam halten, bringen Sie bitte im Stall sowohl Hühner- als auch Entennester an.

Da Gänse nur zeitweise legen und Sie die Anzeichen mit etwas Erfahrung gut deuten können, brauchen Sie ihnen nur für diesen Zeitraum ein einfaches Nest am Boden herrichten.

## Fütterung der verschiedenen Arten

Bei der Fütterung werden Sie bei einer gemeinsamen Haltung immer Kompromisse eingehen müssen. Eigentlich können Sie es nicht verhindern, dass Hühner vom Gänsefutter, Gänse vom Entenfutter und andersherum fressen. Da alle aber mehr oder weniger bevorzugt Körner fressen, ist das kein großes Problem. Einzig bei den Hühnern werden Sie selten eine wirklich hohe Legeleistung haben, wenn Sie Enten und Gänse mehrheitlich mit dem von ihnen bevorzugten Hafer füttern. Zum einen wird Hafer von Hühnern nicht besonders gerne gefressen und zum anderen ist die aufgenommene Eiweißmenge für sie einfach zu gering. Eine Alternative kann Legehennenalleinfutter sein. Das wird zwar auch von Enten und Gänsen gefressen, doch schadet es ihnen nicht.

Sie können auch dazu übergehen, dem Wassergeflügel abends die Körnerration anzubieten, sofern sie in einem separaten Stall untergebracht sind. Ist eine ergiebige Weidefläche für die Gänse und ein entsprechender Auslauf für die Enten vorhanden, reicht ihnen das fast aus und sie werden kaum ans Hühnerfutter gehen. Manchmal reicht es auch schon, wenn Sie verschiedene Futterstellen einrichten. Aber achten Sie bitte darauf, ausschließlich im Stall zu füttern, um keine Sperlinge, Mäuse und Ratten anzulocken.

## Nachwuchs

Wenn Sie sich überlegen, Küken aufzuziehen, dann sollten Sie die Arten während dieser Zeit trennen, um die Küken zu schützen. Wenn überhaupt ist eine gemeinsame Aufzucht von Enten und Gänsen möglich. Hühnerküken sind zum einen deutlich kleiner als Enten- und Gänseküken; zum anderen haben sie mit der erhöhten Feuchtigkeit, die der Kot des Wassergeflügels mit sich bringt, ihre Probleme.

Noch problematischer wäre eine artenübergreifende Aufzucht für Putenküken. Hier kann es zu erhöhten Todesraten kommen, wenn diese mit Hühnerküken aufgezogen werden. Hühner können die Schwarzkopfkrankheit übertragen, die Putenhalter immens fürchten. Ganze Jungputen-Generationen sind schon dieser Krankheit zum Opfer gefallen. Trotz verfügbarer Medikamente hat sie bis heute nichts von ihrer Gefährlichkeit eingebüßt. Deshalb darf man diese beiden Arten nie miteinander aufziehen und auch Putenküken nicht in Hühnerausläufe lassen. Erst wenn sie ausgewachsen sind, können Sie vergesellschaftet werden.

Einzig Hühner- und Perlhuhnküken lassen sich problemlos vergesellschaften. Sie sind in ihrer Größe und auch in ihren Ansprüchen vergleichbar.

### Von Leihmüttern und Ammen

Man kann Enten auch Gänseeier zum Bebrüten unterschieben und andersherum. Selbst Hühner brüten Enteneier aus; bei Gänseeiern kommen sie aufgrund der Größe an ihre Grenzen.

Aufgrund der unterschiedlichen Brutdauer sollten Sie aber auf keinen Fall Eier verschiedener Arten unterlegen und auch die Eigröße der jeweiligen Brüterin anpassen. Eine Zwergente ist zum Beispiel mit Gänseeiern mit Sicherheit überfordert. Puten wiederum sind außergewöhnliche Mütter, die auch Küken anderer Puten nach dem Schlupf problemlos wie ihre eigenen annehmen.

## Die „Familienzusammenführung"

Jedes Mal, wenn neue Tiere zu einer Geflügelgruppe gesetzt werden, wird das Zusammenleben durcheinandergewirbelt. Das kann je nach Temperament und Rasse ganz unterschiedliche Auswirkungen haben: von einer kurzen Auseinandersetzung bis hin zu einem ausgeprägten Mobbing, das schon einmal den ganzen Tag lang dauern kann.

Bei Hühnern ist es sinnvoll, neue Hühner abends in den Stall auf die Stange zu setzen, damit sie sich über Nacht schon einmal ein wenig an die neuen Laute und Gerüche gewöhnen können. Am frühen Morgen, wenn die Hühner von der Stange gehen, wird es trotzdem zu Auseinandersetzungen kommen. Lassen Sie die Hühner dann noch einen oder zwei Tage im Stall, ist spätestens dann die neue Rangfolge geregelt. Auch Enten und Gänse sollten Sie am besten abends dazugesellen.

Wenn Sie jedoch andere Arten dazusetzen, werden Sie fast zwangsläufig die Tiere am nächsten Morgen aus dem Stall lassen müssen. Denn bei Wassergeflügel ist Stallhaltung immer nur eine absolute Notlösung. Erleichternd wirkt aber der Fakt, dass die Auseinandersetzungen bei Enten und Gänsen wesentlich geringer ausfallen. Probleme kann es eher abends geben, wenn die zugesetzten Tiere in den Stall wollen. Während Enten hier etwas großzügiger sind, gibt es bei Gänsen durchaus „Türwächter".

Sie sollten generell immer mehrere Tiere hinzuzusetzen, nie nur Einzeltiere. Die Erklärung ist ganz einfach: Es trifft ein Einzeltier sehr viel härter, wenn sich die gesamte alteingesessene Gruppe gegen es stellt, als wenn diese ihre Aggressionen auf mehrere Neulinge „aufteilt".

Bitte nehmen Sie ein „gemobbtes" Tier nicht aus dem Bestand! Die Folge wäre, dass beim späteren Hinzusetzen das gleiche Spiel von vorne beginnt. Hier muss man die Tiere die Rangordnung einfach aushandeln lassen.

### Das erleichtert die Zusammenführung der Arten

- Je größer und strukturierter der Auslauf, desto einfacher die Zusammenführung.
- Bäume, Sträucher und andere Strukturen zum Verstecken ermöglichen, sich aus dem Weg zu gehen.
- Richten Sie den zugesetzten Tieren in den ersten Tagen eine Extrafutterstelle ein, bis sie am regulären Futtertrog akzeptiert werden.

## Vergesellschaftung per Gesetz: Sentineltierhaltung

Wollen Sie Enten oder Gänse halten, müssen Sie regelmäßig virologische Untersuchungen durchführen lassen, um sie im Freiland halten zu dürfen – das schreibt der Gesetzgeber im Hinblick auf die Bekämpfung der Vogelgrippe zwingend vor (Seite 137).

Eine ebenfalls zulässige, aber beim Veterinäramt zu beantragende Alternative ist, Sie nehmen Hühner, Zwerghühner oder Puten als sogenannte Sentineltiere, also eine Art „Wächtertiere", zu den Enten und Gänsen dazu. Der Hintergrund ist folgender: Gänse und Enten können mit dem Vogelgrippe-Virus (Seite 137) infiziert werden, zeigen aber keine Symptome – die Krankheit würde im Bestand unentdeckt bleiben und könnte weiter verbreitet werden. Hält man jedoch Hühner oder Puten mit ihnen zusammen, infizieren sich diese ebenfalls, zeigen aber rasch deutliche Symptome.

Da die virologische Untersuchung einen erheblichen finanziellen und bürokratischen Aufwand bedeutet, ist die Sentineltierhaltung so etwas wie Normalität geworden. Für Enten- und Gänsehalter heißt das, dass sie sich quasi automatisch auch mit Hühnern oder Puten auseinandersetzen müssen. Dabei ist die Anzahl der Sentineltiere in einer Gänse- oder Entengruppe ganz genau geregelt.

Zwei Hennen als Wächterinnen in einer kleinen Entenherde.

### Vorgaben der Sentineltierhaltung

- **bei 1 Ente oder Gans:** mindestens 2 Hühner oder Puten
- **bei 2–9 Enten oder Gänsen:** mindestens 1 Huhn oder Pute, höchstens jedoch dieselbe Anzahl wie gehaltene Enten und Gänse
- **bei 11–100 Enten oder Gänsen:** 10–50 Hühner oder Puten

Die geringe Anzahl an Sentineltieren ist in der Praxis nicht zu empfehlen. Denn nur ein Huhn unter Artfremden zu halten, sollte man diesem nicht antun. Besser ist, Sie halten die jeweilige Tierart mindestens in der üblichen Tierzahl, wie man sie auch in der Zucht als Stamm zusammenstellt. Bei Hühnern und Zwerghühnern sind das je nach Rasse 1,3–1,7 (1,3 bedeutet „ein Hahn und drei Hennen", mehr zu diesem Kürzel der Züchter auf Seite 19), bei Gänsen 1,1–1,2, bei Enten 1,2–1,5 und bei Puten 1,1–1,3. Sie müssen gerade bei der Sentineltierhaltung aber keine männlichen Tiere halten.

## Und wie sieht es mit anderen Tieren aus?

Verschiedene Tierarten leben harmonisch und glücklich zusammen – das klingt nach ländlicher Idylle und wird auf Fotos in vielen Zeitschriften und Blogs auch genau aus diesem Grund so dargestellt. Schauen wir uns die realistischen Optionen einmal genauer an.

Haustiere wie Hund und Katze arrangieren sich mit ausgewachsenem Federvieh meist recht gut, vorausgesetzt, der Hund besitzt keinen starken Jagdtrieb und ist gut erzogen. Hier muss der Besitzer wachsam sein; viele Hunde verletzen und töten vor allem Hühner und Enten (Gänse sind aufgrund ihrer Größe und Wehrhaftigkeit weniger in Gefahr) aus reinem Spieltrieb. Katzen können Küken und Jungtieren gefährlich werden.

Und wie sieht es direkt im Stall aus? Größere Säugetiere wie Ziegen, Schafe und vielleicht auch Pferde tun dem Geflügel nichts und anders herum. Sie müssen aber zwei Sachen bedenken: Vor allem Gänse sind ernste Nahrungskonkurrenten und der auf der Weidefläche oder im Auslauf abgegebene Geflügelkot ist für die Gesundheit der Säugetiere alles andere als förderlich. Ein Zusammenleben funktioniert nur mit optimalem Weidemanagement und ständiger Kontrolle, zum Beispiel regelmäßiger Wurmbefalls-Kontrolle durch einen Tierarzt.

Grundsätzlich müssen Sie sich den Platzbedarf der einzelnen Tierarten bewusst machen. Der Auslauf darf nicht überweidet und damit zur Öde werden. Wie so oft ist auch hier die Größe des Auslaufes ausschlaggebend.

Kaninchen sollten Sie nach Möglichkeit nicht beim Geflügel laufen lassen. Kaninchen können sich gegen Picken und Zwicken mit dem Schnabel nicht wehren. Sie unterliegen in diesen Auseinandersetzungen immer. Hinzu kommt, dass Geflügel ein so unbekanntes Tier gerne aus Neugier erst recht unter die Lupe nimmt.

# Trocken und sicher untergebracht: Geflügelställe

Wenn Sie Hühner, Enten oder Gänse halten möchten, brauchen Sie einen Stall. Dieser muss nicht besonders komfortabel sein – Geflügel ist diesbezüglich äußerst anspruchslos. Die wichtigsten Kriterien sind: trocken, hell und nachts verschließbar.

Die Anforderungen, die Geflügel an sein Zuhause stellt, sind wirklich sehr einfach zu erfüllen. Das heißt aber nicht, dass man Hühner, Enten, Gänse und Co. in jedem „dunklen Loch" halten kann und soll. Unsere Vorfahren waren hier oftmals zu sorglos und die manchmal noch in Freilichtmuseen zu findenden Ställe sollten heute keinem Tier mehr zugemutet werden.

## Alte Gemäuer mit neuem Leben

Das sieht bei Hühnerställen, die in der Zeit nach dem Zweiten Weltkrieg wie Pilze aus dem Boden geschossen sind und die man hin und wieder noch in Gärten findet, häufig ganz anders aus. Zwar sind sie meist schon lange zur Gerätehütte umfunktioniert, würden aber oftmals immer noch alle Anforderungen, die man heute an einen idealen Geflügelstall stellt, erfüllen. Die drei Grundfaktoren lauten: Licht, Luft und Sonne. Außerdem sind die baurechtlichen Vorschriften hier in den meisten Fällen schon erledigt. Die alten Ställe sind fast immer genehmigt worden, sodass im Nachgang niemand gegen die Geflügelhaltung Einspruch erheben kann. Denn gerade das passiert heute leider immer wieder. Nicht alle Mitbürger teilen Ihre Freude am Geflügel. Umso mehr ist es von Vorteil, Ihre Nachbarn von der Geflügelhaltung zu überzeugen. Aus eigener Erfahrung können wir berichten, dass offene Gespräche und hin und wieder ein paar frische Eier als Geschenk Wunder wirken.

Es ist ein großes Glück, wenn Sie bereits über einen dieser alten Geflügelställe verfügen. Sie brauchen ihn nur wieder mit Leben füllen. Aber auch ein sonstiges Gebäude, zum Beispiel ein Schuppen, ein ungenutzter Gebäudeteil oder auch das ehemalige Kinderspielhaus können oft zu einem äußerst praktikablen Geflügelstall umgebaut werden – „umnutzen", wie es offiziell heißt. Das

Eine Gartenhütte ist ein idealer Hühnerstall für diese New-Hampshire-Herde.

können Sie zunächst einfach so vornehmen. Schließlich ist es dem Gebäude egal, ob darin ein Rasenmäher steht oder Hühner wohnen. Aber aufgepasst: Nach Einsprüchen, egal von welcher Seite, kann es sein, dass Sie eine baurechtskonforme Umnutzung bei Ihrer Gemeinde- oder Stadtverwaltung beantragen müssen. Wird diese genehmigt, wird zum Beispiel aus einer baurechtlichen Garage ein offizieller Hühnerstall. Soll es später wieder eine Garage werden, müssten Sie es wieder umnutzen lassen.

In der Regel ist die Wiederaktivierung eines alten Stalls beziehungsweise der Umbau eines bestehenden Gebäudes mit einem sehr geringen Aufwand verbunden, und zwar sowohl handwerklich als auch finanziell betrachtet. Das ist vor allem dann von Vorteil, wenn Sie sich noch nicht sicher sind, ob die Geflügelhaltung wirklich die für Sie passende Freizeitbeschäftigung ist.

## Einen Stall kaufen

Es werden zwar mittlerweile komplette Fertigställe im Baumarkt oder Internet angeboten, meistens sind diese aber so konzipiert und vor allem ausgeführt, dass Sie daran nicht besonders lange Freude haben werden. Oft ist die Qualität des Holzes so schlecht, dass die Witterungseinflüsse es relativ bald zerstören. Auch das tägliche Handling ist meist recht mühsam, besonders, wenn es sich um die typischen Kleinstställe handelt, die ohnehin nur für wenige Zwerghühner infrage kommen. Gerade in Schlechtwetterphasen werden Sie die Nachteile deutlich spüren. Deshalb unser Rat: Wo immer möglich, sollten Sie Ihren Geflügelstall so planen, dass Sie ihn betreten können. Das größere Luftvolumen kommt auch der Gesundheit Ihrer Tiere zugute.

Im sprichwörtlichen Gänsemarsch geht es morgens raus aus dem schützenden Stall.

Eine Alternative kann sein, einen Stall nach Ihren Vorstellungen bauen zu lassen. Die Kosten sind zwar im Vergleich zum Fertigstall hoch, doch hält er mit etwas Pflege meist mehrere Jahrzehnte. Wenn Sie sich für das Selberbauen entscheiden, können Sie die Kosten erheblich senken – außerdem macht so etwas handwerklich Geschickten Freude. Ansonsten ist ein Tischler oder Zimmermann der richtige Ansprechpartner.

## Ein Neubau

Ein Neubau eines Geflügelstalls von Grund auf ist immer mit Aufwand verbunden. Die Macharten können äußerst unterschiedlich sein – denken Sie bitte immer daran, dass der Stall nicht nur hübsch, sondern auch funktional sein muss. Denn Sie müssen täglich darin hantieren: füttern, Eier sammeln, sauber machen. Ein praktischer Hühnerstall kann allerdings auch äußerst hübsch sein!

In den meisten Regionen ist der Bau eines Geflügelstalles in einem kleineren Rahmen ohne Baugenehmigung möglich – informieren Sie sich bitte vorab bei der örtlichen Baubehörde. Meistens gibt es eine Festlegung, bis zu welcher Obergrenze das Gebäude genehmigungsfrei ist (meist zählt der umbaute Raum in Kubikmeter). Das reicht für die Haltung weniger Tiere in den meisten Fällen aus. Unter Umständen ist der Stall „anzeigepflichtig“, das heißt, dass Sie der zuständigen Baubehörde einen Lageplan und einen einfachen Stallplan vorlegen müssen.

Aber selbst, wenn Sie von offizieller Seite her keinen Plan benötigen, ist es sinnvoll, einen für sich selbst zu Papier zu bringen. Denn je genauer Sie Ihre Vorbereitungen treffen, desto leichter tun Sie sich nachher mit der Ausführung. Eine Stückliste mit dem benötigten Material erleichtert den Einkauf.

Die Stallgröße richtet sich nach der Anzahl der Tiere, die darin leben sollen. Eine grobe Orientierung finden Sie im Buch im jeweiligen Kapitel zur Tierart, die Sie halten wollen: Hühner Seite 33, Enten Seite 68, Gänse Seite 88. Wenn Sie den Tieren mehr Raum zur Verfügung stellen können, umso besser. Und überhaupt: Wenn Sie die Möglichkeit haben, etwas größer zu bauen, dann tun Sie es! Denn auch das Zubehör wie weitere Tränken und Tröge, Besen, Schaufeln usw. wollen untergebracht werden. Ist das im Stallgebäude möglich, ist das ein großer Vorteil. Idealerweise planen Sie dafür einen Vorraum ein – ihn werden Sie sehr schnell zu schätzen wissen.

### Das Fundament

Wollen Sie eine dauerhafte Lösung und ein festes Gebäude kreieren, kommen Sie um ein Fundament nicht herum. Dieses wird meistens aus Beton erstellt. Zunächst werden die Umrisslinien des Stalls festgelegt und ein rund 20 Zentimeter breiter Fundamentgraben ausgehoben. Ein frostfreies Fundament sollte in der Regel eine Tiefe von mindestens 80 Zentimeter (bis 100 Zentimeter) haben – inwieweit Sie diese Fundamenttiefe für einen Hühnerstall verwirklichen wollen, bleibt Ihnen überlassen. Bevor der Graben mit Beton ausgefüllt wird, bringen Sie etwas Baustahl zur Armierung ein.

Setzen Sie die Stellplatten für das Fundament in eine Betonschicht.

Eine sinnvolle und vor allem arbeitssparendere Lösung sind Stellplatten, die in erdfeuchten Beton gestellt werden und gleichzeitig eine Schalung für die Bodenplatte bilden. Diese haben eine Länge von 1 Meter, sodass es praktikabel ist, den Stall mit diesem Standardmaß zu planen. Da es Stellplatten in verschiedenen Stärken und Höhen gibt, lassen sich damit einfache Planungen realisieren. Ansonsten müssen Sie für die Schalung der Bodenplatte mit Holzdielen arbeiten.

Wer sich auskennt, kann selbstverständlich auch Punktfundamente nutzen und eine entsprechende Unterkonstruktion daraufstellen.

## Die Bodenplatte

Für einen Geflügelstall ist eine Bodenplatte aus Beton optimal. Sie verhindert auf Dauer, dass sich Mäuse und Ratten darunter einnisten und vor allem ins Stallinnere gelangen. Wenn Sie ein Beton-Fundament haben, ist der Aufwand für eine Bodenplatte nur unerheblich größer. Dabei reicht eine Dicke von 5 bis 10 Zentimeter völlig aus. Eine eingelegte Baustahlmatte ist wichtig; sie sorgt dafür, dass die Platte nicht reißt.

Der glatt gezogene Betonboden kann später gleich als Stallboden verwendet werden. Das gilt insbesondere, wenn Sie mit Tiefstreu arbeiten (Seite 129), denn dann brauchen Sie sich keine Gedanken um einen kalten Boden zu machen. Ein Holzboden auf der Betonplatte schafft natürlich mehr Wärme. Dann sollten Sie aber Dachpappe auf den Beton legen und eine Unterkonstruktion aus Dachlatten aufbringen, darauf dann den Holzboden. Ideal sind sogenannte Siebdruckplatten. Sie sind äußerst stabil und feuchtigkeitsbeständig.

## Die Wände

Am einfachsten zu errichten sind sogenannte Holzständerwände als Fachwerkkonstruktionen. Dazu verwenden Sie am besten Konstruktionsvollholz (KVH-Holz). Auch Ungeübte kommen damit in der Regel gut zurecht. Die Maße des Holzes hängen von der Größe des Stalles und auch von der Region ab; ist beispielsweise starker Schneefall üblich, muss mehr auf die Last geachtet werden. Während zum

Beispiel ein kleiner Stall im Flachland mit Balken im 60 × 60-Millimeter-Maß gebaut werden kann, müssen in Regionen mit stärkerem Schneefall und entsprechender Gewichtslast deutlich größere Balken verwendet werden. Sollten Sie sich diesbezüglich nicht sicher sein, sprechen Sie mit einem Zimmermann. Diese können aus der Erfahrung heraus berichten, dann sind Sie auf der sicheren Seite.

Man könnte schon fast sagen, dass es eine ewige Diskussion ist, ob der Geflügelstall isoliert sein soll oder nicht. Um es gleich vorwegzunehmen: Ihr Geflügel hat mit Kälte keinerlei Probleme – mit großer Hitze schon eher. Eine Isolierung ist also eher für den Sommer wichtig als für den Winter. Es bleibt wirklich Ihnen überlassen, ob Sie die Zwischengefache isolieren wollen. Sollten Sie sich dafür entscheiden, dann beachten Sie bitte, dass das für Mäuse das ideale Versteck und Nest darstellt. Selbst Glaswolle macht ihnen nichts aus, Styropor lieben sie regelrecht. Um zu verhindern, dass Mäuse in die Isolierung gelangen, müssen Sie die Wände absolut undurchlässig verschließen. Außen an den Wänden haben Sie die freie Wahl, wobei Holz häufig üblich ist. Im Innenbereich sollten Sie auf Plattenware zurückgreifen. Dadurch haben Sie wenig Stöße und bilden somit der Roten Vogelmilbe, ein Parasit (Seite 133), kaum Rückzugsmöglichkeiten. Entweder Sie nehmen dafür V100-Pressspanplatten, Seekieferplatten oder auch Mehrschichtholz. Je nach Geldbeutel können Sie hier die für Sie passende Wahl treffen. Bitte verwenden Sie keine OSB-Platten. Sie sind zwar äußerst günstig, haben aber eine relativ grobe Oberflächenstruktur, die wiederum Parasiten einen Unterschupf bieten kann.

Eine Alternative kann ein gemauerter Stall sein. Dieser ist meistens wuchtiger und gleich durch das Mauerwerk isoliert. Im Sommer sind diese Ställe länger kühl, was dem Geflügel gefällt, in der Übergangszeit und vor allem im Winter aber auch deutlich kälter.

Kreieren Sie den Stall, der Ihnen Vorlieben entspricht. Geflügel fühlt sich in jedem Stall wohl, der ausreichend groß, trocken und gut durchlüftet ist.

Vergessen Sie nicht, einen sogenannten Ausschlupf einzuplanen. Dieser muss so groß sein, dass die Tiere bequem durchgehen können. Bei kleinen Zwerghühnern reicht eine Ausschlupfgröße von 20 × 25 Zentimetern. Bei großen Hühnerrassen sollten es mindestens 25 × 35 Zentimeter sein – das passt auch für die meisten Entenrassen. Den größten Ausschlupf brauchen natürlich die Gänse: 55 bis 70 Zentimeter sollten es schon sein. Aufgrund der Verschiedenheit der vielen Rassen kann es aber auch etwas größer oder kleiner werden. Viele Halter lassen ihre Enten und Gänse einfach zur Eingangstür hinaus, da sie tagsüber eh kaum einmal in den Stall zurückgehen. Bei Hühnern sieht das anders aus; sie gehen ein und aus.

Der Ausschlupf muss so fest verschlossen werden können, dass ihn zum Beispiel der Fuchs nicht einfach öffnen kann. Das bedeutet, dass der Schieber, also das Brett, das vor die Öffnung geschoben wird, schwer und sinnvollerweise innen im Stall angebracht sein sollte. Wer den Stall zum Öffnen und Schließen des Ausschlupfs nicht betreten will, kann den Schieber über eine Schnur von der Tür aus betätigen.

### Praktische Tipps

- Den Stall so hoch planen, dass man bequem darin stehen kann.
- Die Stalltür so breit planen, dass eine handelsübliche Schubkarre hindurchpasst.
- Auch Lüftungsschlitze mit feinmaschigem Draht einplanen: Frische Luft kommt in den Stall – Fuchs, Marder und Co. aber nicht.
- Der Schieber kann mit einer Automatik versehen werden, die per Zeitschaltuhr den Ausschlupf öffnet und schließt (Stromanschluss erforderlich).
- Den Schieber innen im Stall anbringen, dann können Fuchs und Co. ihn nicht hochschieben.
- Um zu verhindern, dass Einstreu herausfällt, ein etwa 20 cm hohes Brett direkt nach der Türöffnung anbringen.

## Das Fenster

Eine alte Weisheit sagt: „Wo die Sonne hinkommt, ist der Tierarzt weit.“ Planen Sie deshalb große Fensterflächen ein. Bitte achten Sie darauf, dass Sie die Fensterflügel aushängen können. Denn vor allem im Sommer sollte das Fenster eigentlich immer offen und durch einen mit feinmaschigem Drahtgeflecht versehenen Rahmen ersetzt sein. Auch im Winter ist zumindest ein gekipptes Fenster

Bei diesem Kompaktstall sind die großen Fenster zugleich der Zugang.

sinnvoll. Es sorgt dafür, dass ein guter Luftaustausch stattfindet. Ist das nicht möglich, leidet Ihr Geflügel darunter. So sind zum Beispiel Erfrierungen an den Kämmen bei Hühnern fast immer eine Folge eines schlecht gelüfteten Stalles und zunächst nicht durch Kälte bedingt. Bitte machen Sie also nicht den Fehler und schließen zum Beispiel im Winter das Fenster komplett und heizen stattdessen den Stall! Was aus Menschensicht warm und gemütlich klingt, gefällt dem Geflügel ganz und gar nicht – im Gegenteil, die hohe Luftfeuchtigkeit und stickige Luft machen ihm zu schaffen und können auch Auslöser für Krankheiten sein.

Vielleicht kommen Sie an Fenster, die im Zug einer Renovierung aus Häusern ausgebaut und weggeworfen werden sollen. Sie sind für Ihren Geflügelstall fast immer noch brauchbar. Ansonsten bieten Baumärkte heute wirklich günstige Fenster aus verschiedensten Materialien an.

Eine solche „Sommertür“ aus Drahtgeflecht schützt den Stall vor Überhitzung und versorgt die Tiere mit viel Sauerstoff.

## Das Dach

Ein Satteldach sieht einfach hübsch aus. Voraussetzung ist allerdings ein deutlicher höherer handwerklicher Aufwand. Die meisten Ställe sind deshalb mit einem einfachen Pultdach gebaut. Die Dacheindeckung kann mit wenig Aufwand mit Trapezblechen, Bitumenschindeln, Wellplatten oder ähnlichen Materialien erfolgen. Dachziegel haben ein höheres Gewicht, brauchen deshalb einen stabileren Unterbau und im Ganzen mehr Knowhow.

Egal, für welche Variante Sie sich entscheiden: Erkundigen Sie sich auf jeden Fall, wie viel Dachneigung bei dem verwendeten Material eingeplant werden muss, um die Wasserableitung zu gewährleisten. Um das direkte Umfeld am Stall trocken zu halten, sollten Sie zudem eine Dachrinne mit Fallrohr anbringen. Dann könnten Sie noch ein Fass zum Sammeln des Wassers einplanen, das ist aus ökologischer Sicht sinnvoll. Dieses sollten Sie aber mit einem Drahtgeflecht abdecken, damit zum Beispiel ein Huhn nicht ertrinken kann. Solche Fässer scheinen nämlich eine große Anziehungskraft aufs Federvieh auszuüben. Sie können dieses gesammelte Regenwasser problemlos zum Befüllen der Bademöglichkeit Ihrer Enten oder Gänse verwenden, sofern Sie Ihrem Wassergeflügel keine natürliche Badegelegenheit bieten können. Das spart wertvolles Trinkwasser und schont Ihren Geldbeutel.

Wenn es möglich ist, planen Sie einen stattlichen Dachüberstand ein. Bei Regenwetter werden Sie – und übrigens auch ihr Geflügel – es zu schätzen wissen, wenn Sie sich etwas unterstellen können.

## Strom und Wasser am Stall

Egal, ob Sie einen Stall von Grund auf bauen oder einen Schuppen umfunktionieren: Strom im Geflügelstall ist ein Luxus, den Sie sich unbedingt leisten sollten, sofern es irgendwie machbar ist. Gerade in der dunklen Jahreszeit ist es schön, wenn man beim abendlichen Kontrollgang noch einmal das Licht anmachen kann. Im Winter lässt sich ein elektrischer Tränkenwärmer anschließen, sodass das Wasser nicht einfrieren kann. Und mit wenig Aufwand kann mithilfe einer Schaltzeituhr vom Spätherbst an und den Winter hindurch das Licht so geregelt werden, dass sich für die Hühner scheinbar die Tageslichtlänge verlängert, was wiederum die Legeleistung deutlich erhöht.

Bei einem Neubau sollte bereits im Fundament beziehungsweise in der Bodenplatte ein Leerrohr eingelegt werden, durch das später das Bodenkabel verlegt werden kann. Sprechen Sie mit einem Elektroinstallateur, welche Vorarbeiten Sie leisten müssen. Den Anschluss sollte man auf alle Fälle dem Fachmann überlassen.

Ein weiterer Wunsch vieler Geflügelhalter ist ein Wasserhahn in der Nähe des Stalles. Es ist einfach praktisch, wenn man die Tränke nicht so weit tragen muss. Es erleichtert ebenso das regelmäßige Reinigen der Tröge und Näpfe. Aber wie schon beim Stromanschluss gesagt: Das wäre die Ideallösung. Aber auch ohne Strom- und Wasserleitung am Stall kann man Geflügel halten. Dann muss man sich mit Taschenlampe, Eimer und Co. behelfen.

Eine Alternative können heute schon recht günstig angebotene Komplettlösungen mit Fotovoltaik und kleinen Batteriespeichern sein. Damit ist man völlig unabhängig, was vor allem im Außenbereich sinnvoll ist.

# Die Inneneinrichtung

Während ein Hühnerstall feste Einbauten wie Sitzstangen, Kotbrett und Legenester benötigt, haben Enten- und Gänseställe meist keine Inneneinrichtung. Sie leben also äußerst spartanisch, wenn man es so nennen will.

Je weniger Einbauten Sie im Stall haben, desto leichter ist dessen Reinigung und desto weniger Möglichkeiten hat Ungeziefer, Unterschlupf zu finden. Bitte verwenden Sie für den Innenausbau keine OSB-Platten. Diese werden zwar in jedem Baumarkt günstig angeboten, sind aber für diesen Zweck denkbar ungeeignet. Während sie für eventuelle Zwischenwände (wo die Platten nicht angeschnitten werden müssen) noch funktionieren, sind sie für alles andere schlicht und ergreifend miserabel: Die grobe Struktur an den Anschnitten ist ein ideales Versteck für die Rote Vogelmilbe und zum Reinigen mit dem Spachtel ist die Oberfläche zu strukturiert. Investieren Sie hier lieber etwas mehr! Auf Dauer werden Sie mit Seekiefer- oder Mehrschichtplatten, eventuell auch Siebdruckplatten mehr Freude haben.

## Die Sitzstangen

Hühner, Zwerghühner, Puten und Perlhühner wollen zum Abend hin aufbaumen. Deshalb sollten in einem Geflügelstall, in dem diese Arten wohnen, unbedingt Sitzstangen angebracht werden. Enten und Gänse können mit Sitzstangen nichts anfangen. Sie übernachten auf dem Stallboden in der Einstreu.

Verwenden Sie dazu keine Stangen im eigentlichen Sinn, sondern stabile, gehobelte Dachlatten aus Holz und bei den schweren Rassen, vor allem Puten, regelrechte Balken. Die Kanten sollten wegen der Verletzungsgefahr etwas gefast sein. Geflügel ist kein Sitzgreifer, sodass runde Stangen ungeeignet wären. Auch wenn es noch so idyllisch aussieht, Sie sollten ihnen keine Zweige von Bäumen anbieten. Besitzen diese gar noch Rinde, dauert es nicht lange, bis sich dort die Rote Vogelmilbe einnistet.

Sofern Sie mehrere Sitzstangen anbringen wollen oder müssen, platzieren Sie bitte alle in der gleichen Höhe, um Rangeleien unter den Tieren zu vermeiden.

Geflügel kuschelt sich auf der Sitzstange gerne aneinander. Diese Tatsache und die immensen Größenunterschiede zwischen den verschiedenen Rassen – selbst zum Beispiel unter Hühnern – machen es schwer, eine verlässliche Angabe zur erforderlichen Sitzstangenlänge pro Tier zu machen. Entscheiden Sie nach gesundem Menschenverstand, beobachten Sie Ihre Tiere und reagieren Sie bei Bedarf. Eine weitere Stange ist schnell installiert.

Zur hinteren Wand sollten Sie mit der Sitzstange ausreichend Abstand wahren, damit sich die Tiere nicht das Schwanzgefieder zerstoßen. Bei Hühnern reichen meistens 25 cm, bei kleinen Zwerghuhnrassen kann es deutlich weniger, bei den großen Puten natürlich wesentlich mehr sein.

## Kotbrett und Kotgrube

Um die große Menge an Nachtkot aufzusammeln, ist ein sogenanntes Kotbrett unter den Sitzstangen eigentlich unverzichtbar. Dabei handelt es sich um ein waagerecht angebrachtes breites Brett oder eine Platte, auf die der Kot fällt, statt die Einstreu zu verschmutzen. Liegt das Kotbrett etwa 20 Zentimeter unter den Sitzstangen, reicht das aus. Wenn Sie das Kotbrett täglich reinigen, das heißt, den Kot mit einer Schaufel oder einem Spachtel abkratzen, ist der Aufwand sehr gering und die Ammoniakbelastung im Stall wird wesentlich reduziert. Hin und wieder gibt es Tiere, die mit Begeisterung im Nachtkot scharren. Spätestens dann sollten Sie ein sogenanntes Kotgrubengitter anbringen. Darunter versteht man ein grobmaschiges Drahtgeflecht (der Fachhandel bietet hier spezielles Kotgrubengeflecht an), das etwa 10 bis 20 Zentimeter über dem Kotbrett liegt. Der Kot fällt durch das Geflecht und das Federvieh gelangt nicht mehr heran.

Ideal ist es, wenn man das Kotgrubengitter hochklappen kann, das erleichtert die Reinigung des Kotbretts darunter.

Ein aufklappbares Kotgrubengitter ist gerade bei größeren Hühnerzahlen sinnvoll.

Einmal im Jahr sollten der Geflügelstall und seine Einrichtung gründlich gereinigt werden. Im Hinblick auf diese Großreinigung ist es von Vorteil, wenn Sie das Kotbrett und die Sitzstangen leicht rausnehmen können. Das vereinfacht nicht nur die Reinigung und Desinfektion, sondern auch die Ungezieferbekämpfung

Da Enten und Gänse nachts nicht aufbaumen, kann man kein Kotbrett zu Hilfe nehmen. Der Nachtkot fällt einfach in die Einstreu und sollte morgens mit einer Schaufel grob aufgenommen werden. Bitte nicht vergessen, täglich frisches Stroh nachzustreuen. Da sich Gänse und Enten immer auf dem Boden aufhalten, kommt einer trockenen Einstreu noch mehr Bedeutung zu.

## Die Legenester

Vor allem für Hühner sollten Sie Legenester im Stall anbringen. Die meisten bauen dazu einfache Kästen aus Holz oder verwenden fertige Holzkisten in passender Größe; man kann aber auch explizite Legenester aus Holz oder Kunststoff kaufen. Hühner suchen gerne einen etwas abgedunkelten Ort, um ihre Eier abzulegen.

Hühnernester werden eigentlich immer etwas über dem Boden angebracht, während Puten, Gänse und die meisten Entenrassen ihre Eier in ein Nest auf dem Boden legen.

### Wie viele Nester?

Rechnen Sie ein Nest pro zwei bis drei Hennen. Jedoch sollten es immer mindestens zwei Nester pro Stall sein, damit es bei den Hennen nicht zu Engpässen kommt. Das heißt, haben Sie nur drei Hennen, installieren Sie bitte zwei Nester. Die Grundfläche der Nester sollte bei Hühnern etwa 30 × 30 Zentimeter betragen. Als Nesteinstreu verwenden Sie am besten kurz geschnittenes Stroh oder Heu.

## Tränken und Tröge

Futtertröge und Tränken bietet der Fachhandel in verschiedensten Ausführungen und Materialien an; die meisten sind aus Kunststoff oder verzinktem Metall. Gerade die Metallausführung ist äußerst stabil und langlebig. Die Kunststofftränken werden im Winter auf Dauer gerne brüchig, wenn das Wasser gefriert.

Für die tägliche Futtergabe ist ein Bügeltrog sehr praktisch. Zusätzlich kann ein Futterautomat aufgehängt werden, in dem Sie zum Beispiel das Basisfutter anbieten. Dieser wird am besten von der Decke an einer Kette aufgehängt, und zwar so, dass das Geflügel etwas den Hals strecken muss, um ans Futter zu kommen. Sonst schleudern sie zu viel heraus und verstreuen es in der Einstreu. Aus demselben Grund stellen Sie auch den Bügeltrog etwas erhöht: entweder auf zwei Steine oder Sie bringen an der Seite eine Erhöhung aus Holz an.

Für Hühner ist eine sogenannte Stülptränke praktisch. Bei der einfachen Ausführung füllen Sie das Wasser in das Reservoir, drehen den Deckel darauf und wenden dann die gesamte Tränke. Dabei wird fast immer Wasser verspritzt. Im

Sommer ist das vielleicht noch eine nette Abkühlung, bei Regen oder im Winter kann es aber einfach nur lästig sein. Die Alternative ist eine sogenannte Doppelmanteltränke. Sie wird von oben befüllt und dann der Zylinder aufgesetzt. Leider gibt es diese Tränken nur für größere Wassermengen. Außerdem sind sie deutlich teurer als die einfache Ausführung. Wir sind uns ziemlich sicher, dass Sie sich auf Dauer für diese Ausführung entscheiden werden. Seit Kurzem gibt es für Kleintierhalter Nippeltränken, deren Wasserreservoir ein Eimer ist. Diese Tränken werden aufgehängt. Hier sollten Sie nur immer kontrollieren, dass der Nippel nicht festhängt und das Wasser in die Einstreu läuft. Eine trockene Einstreu ist ungemein wichtig!

Bei Hühnern ist es sinnvoll, die Tränke hochzustellen, und zwar so, dass sie nur mit leicht gestrecktem Hals hineingelangen. Ein paar Steine unter die Tränke – fertig. Damit wird verhindert, dass sie viel Wasser herausspritzen. Beim Wassergeflügel ist das leider etwas anders: Vor allem bei Enten lässt es sich fast nicht verhindern, zumal bei Wassergeflügel fast ausnahmslos ein Eimer als Tränke verwendet wird. Stellen Sie diesen am besten auf einen etwa 80 × 80 Zentimeter großen Drahtrost, der auf etwa 10 Zentimeter hohen Balken liegt und mit etwas Hobelspänen als Saughilfe eingestreut ist – das Wasser spritzt dann dort hinein. Wenn Sie die feucht gewordene Einstreu darin regelmäßig entfernen, bleibt die restliche Einstreu schön trocken.

Für den Winter empfiehlt sich ein elektrischer Tränkenwärmer aus dem Land- und Fachhandel, der verhindert, dass das Wasser einfriert. Das ist besonders dann ratsam, wenn Sie tagsüber nicht zu Hause sind. Denn wenn das Wasser in der Tränke gefriert, müssten Sie es austauschen oder auftauen. Hühner sind nämlich nicht in der Lage, mit ihrem Schnabel Eis aufzupicken.

### Hygiene beim Futtergeschirr

- Wenn feuchtes Futter verfüttert wird, sollten Sie den Trog mindestens einmal pro Woche komplett mit Wasser reinigen.
- Die Tränke sollten Sie täglich reinigen und neu befüllen.
- Wenn möglich eine zweite Tränke besorgen, und die nicht gebrauchte austrocknen lassen. Das ist eine sehr gute Gesundheitsvorsorge, da durch das Austrocknen viele Bakterien abgetötet werden.

## Die Einstreu

Trockenheit ist einer der wichtigsten Aspekte, wenn es um den Stall geht. Daher sollten Sie der Stalleinstreu immer erhöhte Aufmerksamkeit schenken. Lassen Sie einen Geflügelstall niemals ohne Einstreu! Der hohe Feuchtigkeitsgehalt des Kotes würde dazu führen, dass der Stall immer leicht feucht ist und auch die Ammoniakbelastung wäre deutlich höher. Dazu wäre der Boden dann schmierig, da der Kot durch nichts gebunden wird.

Die Einstreu muss sowohl die Feuchtigkeit binden als auch bei Hühnern dem Scharrverhalten Rechnung tragen. Denn immer wieder kann zur Krankheitsvorsorge, vor allem bei Vogelgrippe-Warnung, eine längere Stallhaltung behördlich angeordnet werden. Und dann müssen sich die Tiere auch im Stall pudelwohl fühlen können.

Bei Hühnern ist die Tiefstreu das Maß aller Dinge. Dazu wird die gesamte Stallfläche zwischen 10 und 15 Zentimeter hoch mit saugfähigem Material eingestreut: entweder staubfreie Hobelspäne, Hanfstreu, sehr kurz geschnittenes Stroh oder auch Strohcobs, die mit der Zeit verfallen. Haben Sie vom Sommer noch getrocknetes Gras vom Rasenmähen, können Sie auch hier etwas untermischen. Ansonsten regt immer wieder mal eine Handvoll längeres Stroh zum Scharren an. Abends eine Handvoll Körner in die Einstreu gegeben, erfüllt den gleichen Zweck. Da über Nacht die größte Kotmenge auf dem Kotbrett landet und damit gar nicht in die Einstreu gelangt, kann diese Tiefstreu sehr lange genutzt werden. Ein vollständiger Wechsel sollte eigentlich nur dann erfolgen, wenn Sie den Stall komplett mit neuen Tieren besetzen. Ansonsten nehmen Sie einfach eine gewisse Menge heraus, wenn Sie den Eindruck haben, dass die Struktur der Einstreu merklich nachlässt und geben neues Streumaterial dazu. Sie nehmen beispielsweise drei Eimer heraus und geben zwei Eimer frisches Material dazu.

Bei Enten und Gänsen verhält es sich etwas anders. Durch das fehlende Kotbrett ist der Kotanteil in der Einstreu wesentlich höher. Außerdem ist der Feuchtigkeitsgehalt von Wassergeflügelkot höher. Hier werden Sie nicht umhinkommen, den Stall mindestens einmal in der Woche zu misten. Noch besser ist eine tägliche Entfernung zumindest der oberen Schicht, wo die Tiere nächtigen. Etwas Hobelspäne auf dem Boden, auf den eine satte Schicht Stroh kommt, hat sich bewährt. Sollten Sie nicht jeden Tag misten wollen, können Sie je nach Bedarf immer wieder frisches Stroh obenauf streuen.

Die herausgenommene Einstreu – egal, ob aus dem Hühner- oder Wassergeflügelstall – können Sie problemlos kompostieren. Haben Sie selbst dafür keine Verwendung, finden Sie bestimmt einen Kleingärtner, der sie gerne nimmt.

Diese silbernen Brakel haben im direkten Umfeld des Stalles die Grasnarbe zerstört. Mit einigen Gehwegplatten kommen Sie auch bei Regen mit sauberen Schuhen zum Stall.

## Rings um den Stall herum

Ihrem Geflügel ist es egal, wie es im direkten Stallumfeld aussieht – Ihnen als Halter sicher nicht. Zum einen soll es sicherlich hübsch aussehen und die Gestaltung zum restlichen Garten passen; zum anderen geht es schlicht und einfach um Funktionalität. Denn Sie müssen sich jeden Tag und bei jedem Wetter auf den Weg zu Ihren Tieren machen. Schnell bilden sich Trampelpfade, die bei Regenwetter zur Rutsch- und Schlammpartie werden. Ein paar Gehwegplatten, vor allem im direkten Eingangsbereich des Stalles, wirken hier Wunder.

Haben Sie keine Chance, im Stall ein paar Gerätschaften unterzubringen, dann versuchen Sie, in der Nähe entsprechende Möglichkeiten zu schaffen. Haken an der Stall-Außenwand sind zum Beispiel eine praktikable Lösung, einen Besen, eine Schaufel usw. zu verräumen.

Je weniger Dinge herumstehen, desto weniger kann sich eine Maus oder gar eine Ratte verstecken. Gerade in Wohngebieten sollten Sie alles unternehmen, das zu verhindern. Selbst wenn das Auftreten der Nager nichts direkt mit Ihrem Geflügel zu tun hat, liegt bei vielen Menschen die Vermutung nahe und Sie beziehungsweise Ihr Geflügel kommen schnell in Verruf. Eine ständig bestückte Köderbox kann hier helfen. Lassen Sie sich hier im Fachhandel beziehungsweise von einer Person mit dem entsprechenden Sachkundenachweis beraten.

### Am Boden und in der Luft: Beutegreifer

- **Fuchs:** Er ist heute selbst in besiedelten Gebieten zu finden. Er tötet zuerst alle Tiere und trägt sie dann Stück für Stück davon.
- **Marder:** Er tötet wie der Fuchs alle Tiere und kommt in einen regelrechten Blutrausch. Er saugt den Tieren das Blut aus.
- **Waschbär:** Er tötet ebenfalls alle Tiere und frisst sie dann an Ort und Stelle.
- **Habicht:** Der Habicht stürzt in unglaublich hoher Geschwindigkeit auf das Tier herab und frisst es an Ort und Stelle.

Zum Stallumfeld gehört in gewisser Weise auch der Auslauf, da er direkt am Stall anschließt. Mit einem hübschen Zaun und attraktiven, ungiftigen Gehölzen ist er nicht nur Mittel zum Zweck, sondern kann auch ein Schmuckstück sein. Die Gehölze befriedigen das natürliche Bedürfnis des Geflügels nach Schutz (Seite 17) und dienen ihm als Versteck; manche liefern auch noch Leckerbissen fürs Federvieh, zum Beispiel Johannisbeerbüsche.

# Gesundheitsvorsorge

Die besten Voraussetzungen, um Ihre Tiere gesund zu halten, sind Hygiene und optimale Haltungsbedingungen mit gutem Futter, viel Bewegung, Trockenheit, Luft und Sonnenlicht. Aber selbst dann ist es nicht völlig auszuschließen, dass eines Ihrer Tiere oder sogar die ganze Herde krank wird.

Mit der Zeit entwickeln Sie eine so gute Beobachtungsgabe für Ihr Federvieh, sodass Sie aufziehende Krankheiten schon zwei Tage vor dem richtigen Ausbruch erkennen. Zu Beginn der Hühnerhaltung haben Sie diese Fähigkeit zwar noch nicht, aber Sie werden täglich hinzulernen und dann manche Dinge gelassener nehmen. Dennoch sollten Sie Krankheiten Ihrer Tiere nie verharmlosen. Schließlich sind diese voll und ganz auf Sie angewiesen.

Ein solch gepflegter Auslauf ist die beste Gesundheitsvorsorge für diese Deutschen Sperber.

Diese Fränkischen Landgänse fressen Erde zur Stabilisierung ihrer Darmflora.

Auf keinen Fall sollten Sie selbst eine Diagnose stellen und womöglich Medikamente verabreichen, die Sie von irgendjemandem bekommen haben. Zuerst muss immer eine einwandfreie Diagnose gestellt werden. Dazu ist einzig und allein der Tierarzt in der Lage und auch vorgesehen. Leider gibt es nur wenige Tierärzte, die sich mit Geflügel richtig gut auskennen. Scheuen Sie sich nicht, den Tierarzt zu wechseln, bis Sie einen Geflügelexperten vor sich haben. Im Laufe der Zeit entwickelt sich meistens ein gutes Verhältnis zwischen Ihnen als Geflügelhalter und dem Tierarzt Ihres Vertrauens. Infolgedessen findet meist ein reger Austausch statt – zum Wohl Ihrer Tiere. Unser Tipp: Sehen Sie sich bereits im Vorfeld nach einem Tierarzt um, der Erfahrung mit Geflügel hat – das ist besser, als nach ihm zu suchen, wenn Sie ihn dringend benötigen.

Egal, ob Hühner, Enten oder Gänse – Geflügel ist robust, bei allen Rassen und Farbenschlägen. Wäre das nicht der Fall, wären bestimmte Rassen nicht mehr gehalten worden und somit ausgestorben. Schließlich ist das Geflügel früher meistens nur so „nebenher" gelaufen; für ein Verhätscheln empfindlicher Rassen war weder Zeit noch hätte solch ein Aufwand zur generellen Einstellung gegenüber Nutztieren gepasst.

## Das Stallklima

Ein paar Dinge zur Gesunderhaltung – oder sagen wir besser Gesundheitsvorsorge – sollten Sie wissen. Der Stall muss trocken sein! Unternehmen Sie einfach alles, um das zu gewährleisten. Streuen Sie üppig ein, misten Sie den Stall lieber einmal mehr statt einmal zu wenig, wenn Sie den Eindruck haben, dass die Einstreu muffig oder feucht ist. Das Hauptproblem ist meistens die Stelle um die Tränke. Sorgen Sie dafür, dass dieser Bereich trocken bleibt – vor allem beim Wassergeflügel und hier besonders bei den Enten. Sie nutzen wirklich jede Chance, um Wasser herauszuschlickern. Auf jeden Fall sollten Sie die Tränke erhöht aufstellen und eventuell einen Drahtgeflechtrahmen darum aufbauen (Seite 72). Möglicherweise müssen Sie die Einstreu um die Tränke herum sehr viel häufiger erneuern als im übrigen Stall.

Neben der Trockenheit gehört auch eine ausreichende Stalllüftung zur Gesundheitsvorsorge. Die Geflügelarten sind wahre Frischluftfanatiker. Bei stickiger, möglicherweise noch feuchter Luft sind Erkrankungen der Luftwege fast unausweichlich. Vor allem im Winter tendieren leider viele Geflügelhalter dazu, den Stall zuzumachen, also alle Fenster und Schotten dicht zu machen. Einige machen sich sogar Gedanken darüber, den Stall zu heizen. Von beiden Vorgehensweisen sollten Sie im Interesse Ihrer Tiere dringend Abstand nehmen. Lieber minus 15 °C bei frischer Luft, als 0 °C im stickigen Stall! Keine Sorge, Ihr Geflügel friert nicht. Dafür hat die Natur gesorgt. Was Sie aber auf jeden Fall verhindern müssen, ist Zugluft. Sie ist für Ihr Geflügel das pure Gift und Ausgangspunkt vieler Erkrankungen. Falls Sie einen Raucher kennen, können Sie ihn bitten, im Stall einmal seinen Rauch auszuatmen. Daran erkennen Sie sehr schnell, wie die Luftströme laufen und vor allem wie schnell. Beobachten Sie auch Ihre Tiere genau: Sie meiden Zugluft instinktiv.

Ein weiterer Faktor ist das Licht. Im Gegensatz zur landwirtschaftlichen Geflügelhaltung, die in fensterlosen Hallen stattfindet, sollte Ihr Geflügelstall immer über möglichst große Fensterflächen verfügen. Die alte Weisheit „Wo die Sonne hinkommt, ist der Tierarzt weit“ kann man nicht oft genug ins Gedächtnis rufen. Im Folgenden sollen nur ein paar wichtige Erkrankungen beziehungsweise Parasiten vorgestellt werden. Fragen Sie im Zweifel immer Ihren Tierarzt.

## Außenparasiten

Das Wohlbefinden Ihrer Tiere hängt neben den bereits genannten Haltungsbedingungen ganz entscheidend davon ab, dass sie frei von Parasiten leben.

### Rote Vogelmilbe

Die häufigsten Parasiten, die eigentlich in jedem Geflügelstall vorhanden sind, ist die Rote Vogelmilbe. Dabei handelt es sich um einen richtigen Schmarotzer. Tagsüber leben die winzigen Tierchen in den Ritzen der Stallwand, unter den Sitzstangen, einfach überall, wo nur das kleinste Versteck ist. Am Abend kriechen sie hervor und saugen an Ihren Tieren Blut.

Bei sehr starkem Befall kann die Beeinträchtigung so groß sein, dass Ihre Tiere sehr unruhig und gestresst sind und im schlimmsten Fall sogar sterben. Das betrifft sowohl Hühner und Enten als auch Gänse und Puten. Selbst vor Ihnen machen die Roten Vogelmilben nicht halt und krabbeln an Ihnen entlang. Es ist also im Interesse aller, den Milbendruck so weit wie möglich einzudämmen.

Heute verwendet man dafür fast ausschließlich Kieselgur (Seite 34), das man in alle Ritzen und auf die Sitzstangen stäubt. Stellen Sie Ihren Hühnern und Puten im Stall ein Sandbad im Verhältnis 1:1 aus Sand zu Kieselgur zur Verfügung, stäuben sie den Stall durch das Schütteln des Federkleids gleich mit ein.

Erst seit Kurzem gibt es Mittel, die man seinem Geflügel im Abstand von ein paar Tagen zum Trinken gibt. Der Stall ist daraufhin wirklich milbenfrei, und zwar für mehrere Monate! Leider ist solch ein Mittel nur für sehr große Tierzahlen erhältlich; eventuell halten Tierärzte es aber auch bereit und geben kleine Mengen ab. Ein weiteres Manko ist der sehr hohe Preis dieses Mittels, in geringen Mengen sollte aber auch das vertretbar sein.

## Kalkbeine

Grabmilben sind die Ursache der sogenannten Kalkbeine. Dabei handelt es sich um eine schorfartige Verkrustung der Läufe und Zehenglieder. Je nach Ausprägung kann sich hier eine regelrechte Borke bilden. Nach einem intensiven Seifenbad lässt sich diese Borke relativ gut entfernen. Danach müssen Sie die befallenen Stellen entweder mit spezieller Salbe vom Tierarzt oder satt mit Salatöl einreiben. Das müssen Sie regelmäßig wiederholen, um die Milben zu vernichten. Beobachten Sie bitte Ihre Tiere genau! Zu Beginn ist die Bekämpfung meistens problemlos. Im fortgeschrittenen Stadium gelingt eine Heilung nur noch ganz selten vollständig, sodass meistens nur die Schlachtung bleibt, um den restlichen Bestand nicht zu gefährden. Denn die Milben gehen auf die anderen Tiere über. Grundsätzlich können Hühner, Enten, Gänse, Puten und Perlhühner Kalkbeine bekommen. Am häufigsten treten sie jedoch bei Hühnern auf.

Bei Kalkbeinen bildet sich eine borkige Kruste auf den Hautschuppen der Läufe.

### Kammgrind

Kammgrind lässt sich in einem frühen Stadium gut behandeln. Dabei handelt es sich um eine Pilzerkrankung, die den Kopf von Hühnern befällt. Enten und Gänse sind nicht betroffen.

Die weißliche Kruste kann am besten mit einer speziellen Creme vom Tierarzt behandelt werden. Handelt es sich um Gesichtsmilben, die nahezu das gleiche Erscheinungsbild haben wie Kammgrind, kommt man wie bei der Behandlung von Grabmilben wieder mit Salatöl gut weiter.

## Innenparasiten

Hühner, Enten und Gänse halten sich mehrheitlich auf dem Boden auf und nehmen dort auch Futter auf. Auf diese Weise ist eine Ansteckung mit Innenparasiten möglich. Eine gute Pflege des Auslaufes ist die beste Vorbeugung! Je größer der Auslauf, desto besser – oder noch besser: Richten Sie einen Wechselauslauf ein (Seite 31).

### Würmer

Bei Hühnern, Enten und Gänsen häufig vorkommende Innenparasiten sind Würmer. Hier unterscheidet man hauptsächlich zwischen Band-, Haar- und Spulwürmern. Spulwürmer sind im Kot eindeutig zu erkennen und auch Bandwurmglieder sehen Sie ohne größere Vorkenntnisse. Haarwürmer sind so dünn und damit quasi unsichtbar, dass hier zum Nachweis eine Kotprobe untersucht werden muss. Da Spulwürmer keinen Zwischenwirt benötigen, sind diese beim Geflügel fast immer vorhanden. Bei den anderen beiden Wurmarten ist ein Zwischenwirt zur Infizierung nötig.

Noch vor Jahren war jeglicher Wurmbefall ein absolutes No-Go. Britische Wissenschaftler haben zwischenzeitlich Untersuchungsergebnisse veröffentlicht, in denen ein leichter Spul- und Haarwurmbefall als ein Indiz für eine gesunde Darmflora angesehen wird und deshalb nicht zu verdammen ist – die Betonung liegt allerdings auf „leichter Befall". Sobald die Würmer überhandnehmen, schwächt das die Tiere so stark, dass sie unter Umständen sogar lebensbedrohlich beeinträchtigt sind. Aus diesem Grund sollten Sie Ihre Tiere im Auge behalten.

Etwas anders sieht es bei einem Bandwurmbefall aus; in diesem Fall kommen Sie um eine Wurmkur nicht herum.

Aber machen Sie bitte keine vorbeugenden Wurmkuren, denn diese stressen den Geflügelorganismus ganz gewaltig. Lassen Sie im Frühjahr vorsorglich eine Kotprobe von Ihrem Tierarzt untersuchen. Er wird Ihnen sagen, ob eine Wurmkur nötig ist. Behalten Sie die Tiere während der Kur im Stall, sodass Sie die ausgeschiedenen Wurmeier mit der Einstreu entfernen können, um einer Neuansteckung vorzubeugen. Ein Tag Stallhaltung reicht dazu aus.

Die meisten Entwurmungsmedikamente werden entweder über das Trinkwasser oder in Form einer Tablette direkt in den Schnabel verabreicht. Die Dosierung wird immer übers Körpergewicht berechnet. Wenn Sie übers Trinkwasser entwurmen wollen, nehmen Sie bitte etwa fünf Stunden zuvor das Trinkwasser weg und lassen Sie Ihre Tiere im Stall. Nur dann haben Sie die Gewähr, dass die Tiere auch sofort von dem mit dem Medikament versetzten Trinkwasser trinken (und vor allem auch die Ausscheidungen im Stall bleiben). Am nächsten Tag sollten Sie den Stall vollständig reinigen und desinfizieren. Dieses Prozedere müssen Sie nach einer bestimmten Zeit wiederholen. Sprechen Sie diesbezüglich mit Ihrem Tierarzt. Nur dann erreichen Sie, dass auch die sich aus Wurmeiern neu entwickelten Würmer ausgeschieden werden. Übrigens, entwurmt wird immer der gesamte Bestand. Nutzen noch andere Tiere den Auslauf, so sollten Sie auch diese entwurmen!

Im Zusammenhang mit Würmern müssen wir noch kurz auf die Schwarzkopfkrankheit eingehen. Das ist eine Leber-Blinddarm-Entzündung, die hauptsächlich bei Puten auftritt. Die Wirte der Erreger sind fast immer Würmer. Hühner können sie übertragen (erkranken aber nicht selber). Die Übertragung erfolgt immer an der Tränke oder am Futtertrog, sodass hier pingelige Sauberkeit nötig ist. Ein schwarzer, schmieriger Kot ist das erste Anzeichen der Erkrankung. Später wird er gelblich weiß, schleimig und riecht übel. Meistens endet die Krankheit – nach längerem Siechtum – mit dem Tod der Tiere.

## Kokzidien

Weit verbreitet sind Kokzidien, das sind einzellige Darmschmarotzer. Sie sind eigentlich in fast jedem Geflügel zu finden. Mit einer geringen Belastung lebt ihr Geflügel fast immer problemlos.

Übertragen werden sie über mit Kot verschmutztes Futter oder Wasser, über die Aufnahme von Fressbarem im Auslauf, aus der Einstreu usw. Schon daran erkennt man, dass mangelnde Hygiene mit ein Grund für die Übertragung ist. Die lange Überlebensdauer der Erreger im Freien macht Kokzidien so gefährlich.

Wird die Kokzidienlast bei Ihren Tieren zu groß, merken Sie es als aufmerksamer Beobachter schnell: Ihre Tiere stehen antriebslos herum, kneifen die Augen zusammen, lassen die Flügel hängen und haben ein gesträubtes Gefieder. Ein Antikokzidienmittel hat jeder Tierarzt zur Hand. Dieses wird ausschließlich übers Trinkwasser verabreicht. Dazu entfernen Sie ein paar Stunden zuvor das Wasser, sodass Ihr Geflügel Durst hat, und geben anschließend das mit dem Medikament vermischte Wasser zu trinken.

Überlegen Sie sich Hühnerküken aufzuziehen, besteht die Möglichkeit, bereits ein Kükenfutter mit Kokzidiostatika einzusetzen oder die Tiere übers Trinkwasser zu impfen. Die Impfung sorgt dafür, dass die Tiere einen lebenslangen Impfschutz haben. Bei der Fütterung von Kükenfutter mit Kokzidiostatika dagegen kann eine spätere Infektion mit Kokzidien erfolgen. Zumindest während der Aufzuchtphase hat

### Medikamentengabe: Darf man die Eier essen?

Geflügel dient nun einmal auch der Erzeugung von Lebensmitteln. Medikamentengaben führen meistens dazu, dass man die Produkte wie Eier, aber auch Fleisch für einen gewissen Zeitraum nicht verwenden darf. Die Dauer kann je nach Arzneimittel variieren, sodass Sie auf jeden Fall den Beipackzettel genau lesen oder den Tierarzt fragen sollten.

man aber seine Ruhe. Doch aufgepasst: Das Aufzuchtfutter für Gössel und Entenküken darf auf keinen Fall diesen Zusatz enthalten! Sonst kann es zu Vergiftungen kommen, die zum Tod der Küken führen.

## Bakterielle Erkrankungen

Bakterien sind die Auslöser des ansteckenden Schnupfens, begünstigt wird die Verbreitung durch schlechtes Stallklima, eine hohe Luftfeuchtigkeit und vor allem Zugluft. Im Grunde wird beim Geflügelschnupfen der gesamte Atmungsbereich im Kopf und Schlund befallen. Sie entzünden sich und es bildet sich zunächst ein klares, später sogar ein eitriges Sekret. Im schlimmsten Fall schwillt der gesamte Kopf so stark an, dass man meint, die Augen stehen vorne wie bei einer Eule – daher auch die Bezeichnung „Eulenkopf". Die Übertragung erfolgt innerhalb kürzester Zeit und der gesamte Bestand ist befallen. Dabei ist es völlig egal, ob es sich um Hühner, Enten oder Gänse handelt.

Am Beginn steht meistens ein ganz leises Röcheln. Aus diesem Grund nutzen die meisten Halter ihren abendlichen Gang in den Stall zur Kontrolle. Hören Sie nichts, haben Sie beziehungsweise Ihre Tiere nichts zu befürchten.

Bricht der Schnupfen aus, müssen Sie zum Tierarzt und ein entsprechendes Medikament holen. Meistens bekommen Sie ihn nur noch mit Antibiotika in den Griff – leider.

## Viruserkrankungen

Antibiotika sind bei Viruserkrankungen nicht wirksam. Deshalb hat man hier oftmals spezifische Impfstoffe entwickelt, so zum Beispiel gegen Infektiöse Bronchitis (IB). Einen Impfstoff gegen diese Krankheit gibt es in Kombination mit der Impfung gegen Newcastle Disease. Umgangssprachlich spricht man bei diesem Impfstoff von „ND-IB" und setzt ihn regelmäßig bei der Routineimpfung ein.

### Infektiöse Bronchitis

Bei der Infektiösen Bronchitis (IB) kommt es zu einem gravierenden Leistungsabfall, starkem Röcheln, Husten, verklebten Augen, Ausfluss usw. Durch die Impfung hat die IB viel von ihrer ursprünglichen Gefährlichkeit eingebüßt. Dennoch sollte man sie nicht unterschätzen und wirklich auf den Impfstoff zurückgreifen.

### Newcastle-Krankheit und Vogelgrippe

Für die Newcastle Disease, Newcastle-Krankheit oder auch Atypische Geflügelpest verlangt der Staat ausdrücklich eine Impfung von Hühnern, Puten und Perlhühnern und hat sie im Sechs-Wochen-Rhythmus zur Pflicht gemacht. Da auch Enten und Gänse daran erkranken können, die Erkrankung aber nicht wahrnehmbar ist, sollten Sie auch diesen die Impfung zukommen lassen. Normalerweise wird die Impfung übers Trinkwasser verabreicht. Die handelsübliche Packungsgröße besteht aus 1000 Impfdosen. Die Kosten sind dennoch nicht besonders hoch, sodass zumindest dieser Aspekt nahezu zu vernachlässigen ist. Alternativ ist auch eine

Injektion mit der Nadel möglich, wobei der Impfschutz dann ein gutesJahr anhält. Erkundigen Sie sich also bei Ihrem Tierarzt, wie die Impfung vonstattengeht. Unter Umständen, gerade bei kleinen Beständen, kann hier auch ein Kontakt zum örtlichen Kleintier- beziehungsweise Geflügelzuchtverein sinnvoll sein, weil man sich hier zu gemeinsamen Impfterminen zusammenschließen kann.

Bei der klassischen Geflügelpest ist der Erreger ein Grippevirus. Davon können alle Vogelarten befallen sein, sodass heute fast nur noch der Begriff „Vogelgrippe" verwendet wird. Da hier eine Behandlung nicht möglich ist, muss leider der gesamte Bestand bei einer Erkrankung getötet werden. Außerdem ist diese Erkrankung bei der zuständigen Veterinärbehörde anzeigepflichtig.

Noch einmal der wichtige Hinweis zu Enten und Gänsen, die im Freien gehalten werden: Diese müssen Sie vierteljährlich virologisch auf Hochpathogenes Aviäres Influenzavirus untersuchen lassen. Da sie, wie bereits erwähnt, zwar Überträger sein und auch erkranken können, aber keine sichtbaren Symptome entwickeln. Die Untersuchung soll verhindern, dass die Krankheit unbemerkt weitergetragen wird, und muss von einer vom Veterinäramt bestimmten Untersuchungseinrichtung erfolgen. Das ist ein riesiger Aufwand, da bei jedem Tier Blut abgenommen werden muss. Alternativ dazu bietet der Gesetzgeber die sogenannte Sentineltierhaltung auf Antrag beim Veterinäramt an. Das bedeutet, dass Sie zusammen mit den Enten oder Gänsen idealerweise Hühner, Zwerghühner oder auch Puten halten. Wenn sie erkranken, zeigen sie deutliche Symptome – wie Atemnot mit zähem Schleim auf Augen, Schnabel und wässriger, eventuell blutiger Durchfall – und machen somit das Influenzavirus im Bestand „sichtbar". Bei einer Sentineltierhaltung können Sie auf die virologische Untersuchung verzichten (mehr dazu auf Seite 115).

## Marekscher Hühnerlähme

Der Marekschen Hühnerlähme sind in früheren Zeiten ganze Junghühnerbestände zum Opfer gefallen. Diese Viruserkrankung betrifft ausschließlich Hühner und tritt meistens kurz vor Beginn der Lege- bzw. Geschlechtsreife auf. Sie zeigt sich im Abspreizen der Läufe, sodass die Tiere nicht mehr laufen können. Hier bleibt nur noch das Schlachten.

Während früher fast nur die Lähme auftrat, gibt es heute auch eine Form, die die inneren Organe befällt. Glücklicherweise gibt es eine Impfung, die allerdings am ersten Lebenstag erfolgen muss, und zwar ohne dass die Küken zuvor mit anderen Tieren in Kontakt gekommen sind. Selbst „Geflügelstaub" kann den Erreger übertragen. Deshalb werden die Küken direkt aus dem Brutapparat heraus geimpft. Bei Naturbrut macht die Impfung aufgrund des Kontakts zur Henne keinen Sinn. Verpasst man diesen Zeitrahmen kann man nur hoffen, dass die Tiere nicht daran erkranken. Ein späterer Schutz ist nicht mehr möglich.

Interessant ist die Tatsache, dass manche Rassen mehr, andere hingegen gar nicht anfällig für Marek sind. Selbst innerhalb einer Rasse kann es Unterschiede geben.

# Rechtliches zur Geflügelhaltung

Die Bürokratisierung unseres Lebens macht leider auch vor der Haltung von Geflügel nicht halt. Sie werden schon bald feststellen, dass die meisten gesetzlichen Anforderungen für landwirtschaftliche Großbetriebe gemacht wurden. Nichtsdestotrotz müssen Sie sich auch als Hobbyhalter, auch wenn Sie nur sehr wenige Tiere besitzen, daran halten.

Noch bevor Sie die Tiere zu sich holen müssen Sie als Erstes eine sogenannte Registriernummer für Geflügelhalter beantragen. Dafür sind in der Regel die Veterinärämter zuständig. Im Grunde geht es nur darum mitzuteilen, dass Sie Geflügel halten und wo der „Betriebsstandort" ist. Deshalb ist die Beantragung auch nur reine Formsache und funktioniert meist online.

Parallel dazu kann die Meldung bei der Tierseuchenkasse obligatorisch sein. Das hat nichts mit der Registriernummer zu tun und ist unabhängig davon zu sehen. Auch erfolgt zwischen diesen beiden Institutionen kein Datenaustausch. Die Mitgliedschaft in der Tierseuchenkasse kann je nach Bundesland kostenpflichtig sein, wobei die anfallenden Gebühren in der Regel sehr überschaubar sind. Bitte erkundigen Sie sich aber vorher, welche Geflügelarten Sie melden müssen. Je nach Bundesland variiert der offizielle Begriff „Geflügel" nämlich. Darüber hinaus verpflichten Sie sich, Ihre Hühnervögel, also Hühner und Puten, im Sechs-Wochen-Rhythmus gegen Newcastle Disease (ND, Seite 137) zu impfen.

Um wichtige Dinge wie Medikamentengaben, Tierzukauf oder auch -verkauf sowie das Ausscheiden verendeter Tiere zu dokumentieren, müssen Sie ein Bestandsregister bzw. einen Arzneimittelanwendungsnachweis führen. Verwenden Sie dazu entweder ein gebundenes Buch mit Seitenzahlen oder auch einen Ordner mit durchnummerierten Seiten. Selbst digital können Sie ein Bestandsbuch führen. Voraussetzung ist allerdings immer, dass Sie es jederzeit lückenlos vorzeigen können. Vergessen Sie dabei nicht, auch die genaue Adresse aufzuführen, woher Sie Ihre Tiere gekauft und wohin Sie eventuell welche abgeben haben. Vermerken Sie außerdem den Tag des Kaufes beziehungsweise Verkaufes. Dazu sind Sie nach dem Tierseuchengesetz verpflichtet.

Halten Sie Enten oder Gänse und wollen diese auf überregionalen Ausstellungen zeigen, müssen Sie laut Geflügelpestverordnung eine sogenannte Sentineltierhaltung vorweisen und beim Veterinäramt anmelden oder die Enten und Gänse vierteljährlich virologisch untersuchen lassen (Seite 114).

Abschließend gesagt ist es immer sinnvoll, wenn Sie sich bei Unklarheiten an die zuständigen Stellen, zum Beispiel das Veterinäramt, wenden, und zwar ganz nach dem Motto „dumme Fragen gibt es nicht“. Die Geflügelhaltung erlebt einen solchen Aufschwung, da sind Sie nicht die ersten mit Fragen.

# Geflügel selber schlachten – ein Exkurs

Seit Jahren wird unser Fleischkonsum als zu hoch angeprangert – bei immer schlechterer Fleischqualität. Ein Lebensmittelskandal jagt den nächsten und auch die Plastikverpackungen können viele nicht mehr sehen. Daher schlagen immer mehr Menschen den Weg zurück zu einer gewissen Selbstversorgung ein – dabei spielt auch Fleisch eine Rolle.

Fleisch, vor allem Geflügelfleisch, ist ein sehr hochwertiges Lebensmittel. Und es liegt doch eigentlich nahe, das Fleisch der eigenen Tiere, die nur unter besten Bedingungen aufgezogen, ernährt und gehalten werden, zu verwenden. Für die Menschen früher war dies selbstverständlich; sie haben mit ihren Tieren gelebt und sie auch geschlachtet. Und daran ist erst einmal nichts Verwerfliches. Wer Fleisch isst, sollte diesen Weg auch heute einmal für sich in Betracht ziehen. Hochwertigeres Fleisch als von den eigenen mehr als artgerecht gehaltenen, „glücklichen“ Tieren finden Sie nirgendwo sonst.

## Wissen, was man tut

Voraussetzung ist allerdings, dass das Geflügel fachkundig geschlachtet und das gesamte Tier verwertet wird. Im Gegensatz zu gekauftem Fleisch, wo man sich meist auf die begehrten und anscheinend hochwertigen Teilstücke beschränkt, hat man beim Selberschlachten einen ganzen Schlachtkörper. Aus Achtung vor dem Tier ist es nur selbstverständlich, diesen auch ganz zu verwerten. Natürlich brauchen Sie dazu ein etwas üppigeres Rezeptrepertoire als „Fitnesssalat mit Geflügelbruststreifen“. Aber genau darin liegt der Reiz. Und so hat diese eigentlich uralte Einstellung, die neuerdings unter dem Schlagwort „Nose to Tail“, also von der Nase bis zum Schwanz, bekannt ist, viele Anhänger gefunden: von der heimischen Küche bis zur Spitzengastronomie.

Wenn Sie schlachten wollen, brauchen Sie Sachkunde. Das heißt, Sie müssen wissen, wie das Tier ohne Stress und Qual und fachgerecht geschlachtet wird. Dieses Wissen, die Sachkunde, ist nicht gleichbedeutend mit dem Sachkundenachweis. Dieser ist zwingend notwendig, wenn Sie Ihr geschlachtetes Geflügel

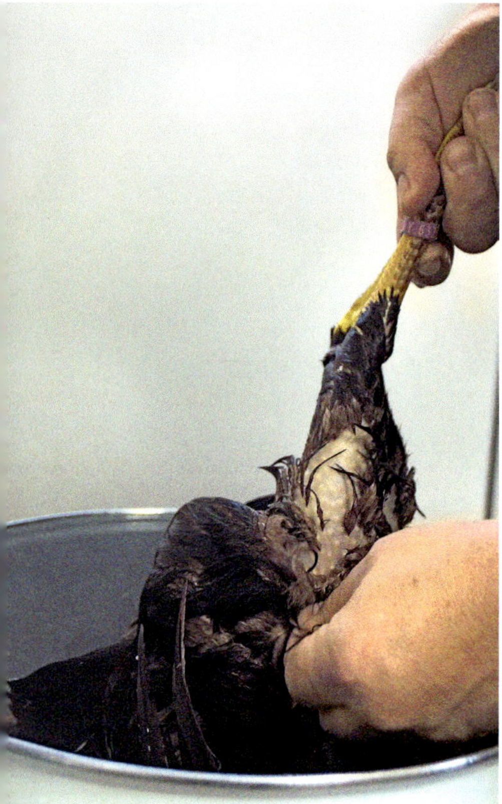

Bei idealer Wassertemperatur ist das Rupfen des Geflügels kein Problem.

verkaufen wollen oder es zum Beispiel als Geschenk Ihren eigenen Haushalt verlässt. Der Gesetzgeber hat die Grenzen hier ganz bewusst eng gesetzt. Geflügelfleisch ist nämlich relativ anfällig für Salmonellenbefall, sodass man hier kein Risiko eingehen will.

Haben Sie noch nie selbst geschlachtet, dann lassen Sie es sich von jemandem zeigen, der darin Erfahrung hat. Wollen Sie die großen Geflügelarten wie schwere Gänse oder Puten schlachten, kann eine zweite Person überhaupt sinnvoll sein. Die Kraft, die diese Tiere entwickeln, ist nicht zu unterschätzen.

## Ohne Stress für die Tiere: das Schlachten

Ganz wichtig sind die richtigen Schlachtutensilien: Sie sollten ein Betäubungsgerät, eventuell einen für die Größe des zu schlachtenden Tieres passenden Schlachttrichter, scharfe Messer, Eimer, Bretter, eventuell Schnittschutzhandschuhe, heißes Wasser, fließendes kaltes Wasser und ein Sieb haben. Gerade der Schlachttrichter hat beim Schlachten von großen Tieren den Vorteil, dass man das Tier zum Ausbluten nicht halten muss. Die Kraft, die dabei freigesetzt wird, ist nämlich nicht zu unterschätzen.

Ideal ist es, wenn Sie diese Dinge nur für das Schlachten verwenden und für keinen anderen Zweck sonst. Stellen Sie alles Benötigte parat, ehe Sie mit dem Schlachten beginnen. Achten Sie bitte immer auf Hygiene. Machen Sie sich deutlich, dass Sie es mit einem Lebensmittel zu tun haben, das Sie im Anschluss mit Genuss essen wollen.

Was viele nicht wissen: Nicht nur die Haltung der Tiere, sondern auch die Behandlung des Geflügels direkt vor dem Schlachten ist entscheidend für die Fleischqualität. Je stressfreier es zugeht, desto hochwertiger das Fleisch. Das heißt, dass Sie das Tier schonend fangen und ruhig zum Schlachtort bringen. In der Regel nimmt man die Tiere am Abend ohne sie zu füttern aus dem Stall, um sie am nächsten Morgen zu schlachten. So leeren sie über Nacht den Darm und sind „ausgenüchtert".

Die meisten Menschen haben beim Schlachten ein Problem mit dem Töten, also dem Übergang vom Lebewesen zum Fleisch. Grundsätzlich muss jedes Tier vor dem Töten betäubt werden. Bis zu einem Lebendgewicht von 5 Kilo darf das mit einem stumpfen Gegenstand auf den Kopf geschehen. Geflügel, das schwerer ist, muss mit einem speziellen Bolzenschussapparat oder in einem Strombad betäubt werden. Da Letzteres nur für die Wirtschaftsgeflügelzucht infrage kommt, bleibt für den Hobbyhalter nur der Bolzenschussapparat. Bitte achten Sie darauf, dass Sie sich hier einen speziellen, für Geflügel zugelassenen Apparat zulegen.

Nach der Betäubung wird der Kopf entweder mit einem Beil abgeschlagen oder das Tier in einen sogenannten Schlachttrichter gelegt und dann gestochen. Beide Varianten führen dazu, dass das Tier ausblutet, und zwar so schnell wie möglich.

Die Gans steckt komplett im Schlachttrichter.

## Das Geflügel verarbeiten

Nach dem Ausbluten müssen die Federn entfernt werden. Meistens geschieht das, indem die Schlachtkörper mehrfach in heißes Wasser getaucht werden – das nennt man dann Nassrupfen. Sobald sich die Federn am Schenkel leicht lösen lassen, kann der gesamte Körper mit den Händen gerupft werden. Alternativ gibt es heute relativ günstige Rupfmaschinen, die das übernehmen. Da der Reinigungsaufwand der Maschine groß ist, lohnt sich das meistens nur, wenn Sie an einem Tag mehrere Tiere schlachten. Wollen Sie die Federn von Enten und Gänsen nutzen, müssen Sie diese trocken rupfen. Das ist wesentlich schwieriger und aufwendiger als das Nassrupfen. Aufgrund der hochwertigen Federn und Daunen sollten Sie sich das aber auf jeden Fall überlegen! Nach dem Rupfen müssen die Federn in einem Kissenbezug oder etwas in der Art getrocknet werden, ehe man sie zur Weiterverarbeitung beispielsweise in einem Bettenfachgeschäft abgibt.

Nach dem Rupfen wird die Bauchhöhle mit einem Messer geöffnet und die Innereien werden samt Gedärm herausgenommen. Wollen Sie die essbaren Innereien wie Herz, Magen und Leber nutzen, müssen Sie diese vorsichtig vom restlichen Gedärm lösen. Das gilt insbesondere für die Galle, die direkt an der Leber sitzt. Sie muss so entfernt werden, dass keine Gallenflüssigkeit ausläuft, denn der Name „gallebitter“ kommt nicht von ungefähr und die mit Galle benetzten Innereien könnte man nicht mehr essen.

Nachdem das Gedärm und der Kropf herausgenommen wurden, sollten Sie den Schlachtkörper unter kaltem fließendem Wasser abspülen. Auf keinen Fall sollten Sie den Schlachtkörper in kaltes Wasser legen. Die Wassertemperatur würde steigen und damit die Gefahr, dass sich Bakterien vermehren und der

Schlachtkörper kontaminiert wird. Dieser für viele überraschend hohe Wasserverbrauch ist also in Ihrem eigenen Interesse, ein hochwertiges und hygienisch einwandfreies Lebensmittel zu erhalten.

Nach dem Waschen muss der Schlachtkörper gekühlt werden – je schneller, desto besser. Idealerweise legen Sie ihn über Nacht in den Kühlschrank. Um das restliche Wasser vollständig ablaufen zu lassen, hat es sich bewährt, den Schlachtkörper in ein Sieb zu legen, das in einer Schüssel steht.

Da die Fleischreifezeit bei Geflügelfleisch sehr kurz ist, brauchen Sie nicht zu warten. Am nächsten Tag schon können Sie den Schlachtkörper entweder zerteilen, was in gekühltem Zustand sehr gut funktioniert, am Stück einfrieren oder das Fleisch gleich frisch zubereiten.

### Nur gesunde Tiere schlachten

Es versteht sich von selbst, dass Sie nur absolut gesunde Tiere schlachten. Beim kleinsten Verdacht fehlender Gesundheit sollten Sie darauf verzichten. Wurden dem Tier Medikamente verabreicht, müssen Sie selbstverständlich die Wartezeiten fürs Schlachten einhalten; die Wartezeiten sind im Beipackzettel des Medikamentes aufgeführt oder fragen Sie Ihren Tierarzt danach.

Unterschiedliche Schlachtkörper: 1 Huhn, 2 Taube, 3 Ente, 4 Gans.

## Sauberkeit und Kontrolle: Meilensteine auf dem Weg zum Lebensmittel

Je schneller und konsequenter Sie den Schlachtplatz, das Waschbecken und die Gerätschaften reinigen, desto hygienischer ist es. Verwenden Sie dazu möglichst heißes Wasser und einen hochwertigen Fettlöser. Schlachten Sie öfter, lohnt sich unter Umständen sogar ein Reinigungsmittel, wie es in Metzgereien verwendet wird.

Ganz zum Ende müssen Sie die Schlachtabfälle entsorgen. Die Federn können Sie gerne auf Ihren Kompost geben. Dabei handelt es sich um reines Horn, das die Wertigkeit Ihrer Komposterde erhöht. Die restlichen Abfälle wie Gedärm, Kopf, Läufe usw. müssen Sie über die Tierkörperbeseitigungs-Anstalten entsorgen.

Noch etwas zur Schlachttier- und Fleischuntersuchung, die früher unter der Bezeichnung „Fleischbeschau“ bekannt war. Bei Säugetieren schreibt der Gesetzgeber diese durch einen Amtstierarzt zwingend vor. Und das aus gutem Grund: Es soll verhindert werden, dass gesundheitsschädigendes beziehungsweise für den menschlichen Verzehr ungeeignetes Fleisch in Umlauf gelangt. Dennoch müssen Sie wachsam sein und die Beschau in Ihrem eigenen Interesse quasi selbst übernehmen, um hochwertiges und gesundes Fleisch zu erhalten. Beurteilen Sie den Schlachtkörper sowohl mit den Augen als auch mit der Nase. Bei jeglichen Verfärbungen, die Sie nicht erklären können, oder bei einem ungewöhnlichen Geruch, sollten Sie ihn nicht verwerten. Einen besonderen Blick sollten Sie auf die Innereien werfen. Gerade ältere Hennen, Enten und Gänse haben oft eine sogenannte Fettleber: Sie hat nicht die typisch dunkelrotbraune Farbe, sondern ist hellbraun und meistens von sehr weicher Textur. Diese sollten Sie nicht essen. Das restliche Fleisch können Sie aber bedenkenlos zubereiten.

Gehen Sie mit gesundem Menschenverstand an die Sache heran. Sobald Sie Zweifel haben, verzichten Sie lieber auf den Verzehr. Essen Sie nur das, was Sie mit gutem Gewissen genießen können.

# Service

# Register

## T



## V



## W



## Z

# Zum Weiterlesen


- **Bauer, Wilhelm:** Geflügel und Kaninchen selbst schlachten. Verlag Eugen Ulmer, Stuttgart, 2016.
- **Bauer, Wilhelm:** Hühnerställe bauen. Verlag Eugen Ulmer, Stuttgart, 2019.
- **Bauer, Wilhelm:** Richtig gutes Hühnerfutter. Gesundes und natürliches Superfood für Hühner, Wachteln, Tauben und Co. Selber sammeln, anbauen, mischen. Verlag Eugen Ulmer, Stuttgart, 2022.
- **Bauer, Yvonne und Wilhelm:** Zwerghühner in meinem Garten. Kleine Hühner artgerecht halten. Verlag Eugen Ulmer, Stuttgart, 2022.
- **Christ, René/Bauer, Wilhelm:** Geflügel und Kaninchen – Nose to Tail. Perfekt zerlegen und köstlich zubereiten. Verlag Eugen Ulmer, Stuttgart, 2018.
- **Freiherr von Luttitz, Horst:** Enten und Gänse halten. Verlag Eugen Ulmer, Stuttgart, 2005.
- **Gomringer, Anne-Kathrin:** Unsere ersten Enten. Laufenten, Pommernenten und Co. Verlag Eugen Ulmer, Stuttgart, 2015.
- **Krause, Antje/Bauer, Wilhelm:** Garten sucht Hühner. Die besten Rassen für kleine Gärten. Verlag Eugen Ulmer, Stuttgart, 2018.
- **Krause, Antje/ Bauer, Wilhelm:** Warum Hühner scharren, nicken und picken. Alles über Verhalten, Gewohnheiten und Marotten. Verlag Eugen Ulmer, Stuttgart, 2021.
- **Peitz, Beate und Leopold/Bauer, Wilhelm:** Hühner in meinem Garten. Alles über Haltung und Ställe. Verlag Eugen Ulmer, Stuttgart, 2019.
- **Peitz, Beate und Leopold:** Hühner halten. Glückliche Hühner im eigenen Garten. Verlag Eugen Ulmer, Stuttgart, 2021.
- **Pingel, Heinz:** Enten und Gänse. Verlag Eugen Ulmer, Stuttgart, 2008.
- **Schmidt, Horst/Proll, Rudi:** Rassegeflügel kompakt. 535 Hühner-, Puten-, Perlhühner-, Gänse-, Enten- und Taubenrassen im Porträt. Verlag Eugen Ulmer, Stuttgart, 2020.
- **Schöne, Fritz/Großmann, Ortwin/Raapke, Matthias:** Puten, Perlhühner und Pfauen. Haltung und Zucht. Oertel + Spörer Verlag, Reutlingen, 2019.

# Infos im WWW

- **Bund Deutscher Rassegeflügelzüchter:** www.bdrg.de
- **Verband der Hühner-, Groß- und Wassergeflügelzüchtervereine im BDRG:** www.vhgw.de (Links zu speziellen Rasse-Sondervereinen für Hühner)
- **Verband der Zwerghuhnzüchtervereine im BDRG:** www.vzv.de (Links zu speziellen Rasse-Sondervereinen für Zwerghühner)
- **Sonderverein Deutscher Gänsezüchter:** https://svdeutschergaensezuechter.hpage.com/
- **Sonderverein der Entenzüchter Deutschlands:** www.enten-sv.de
- **Sonderverein Deutscher Puten- und Perlhuhnzüchter**: www.sv-puten-perlhuhn.de
- **Gesellschaft zur Erhaltung alter und gefährdeter Haustierrassen:** www.g-e-h.de
- **Arche Austria:** Verein zur Erhaltung seltener Nutztierrassen, www.arche-austria.at
- **ProSpecieRara:** Schweizerische Stiftung für die kulturhistorische und genetische Vielfalt von Pflanzen und Tieren, www.prospecierara.ch
- www.leinegans.de
- www.diepholzer-gans.de
- www.urnhof.at (umfangreiche Informationen zu Puten, besondere Farbenschläge)
- **www.sv-orpington.de:** (viele Informationen rund um Hühner, Geflügelkrankheiten und zur Vogelgrippe-Problematik)
- **Universität Bern und Universität Zürich:** https://www.zun-schweiz.ch (unter „Fachinformationen“ gibt es umfangreiche Informationen, besonders gut: eine Zusammenfassung der wichtigsten Geflügelkrankheiten unter dem Schlagwort „Gesundheit“)
- www.rassegefluegel-rheinland-pfalz.de (Zusammenfassung Sentineltierhaltung bei Wassergeflügel)

# Bildquellen

Alle Fotos stammen von den Autoren, außer:

- Tierfotoagentur.de/W.J. Pilsak: S. 5
- Tierfotoagentur.de/S. Gervelis: S. 6
- Tierfotoagentur.de/V. Janosch: S. 9
- Tierfotoagentur.de/R. Richter: S. 67
- Tierfotoagentur.de/A. Brillen: S. 114
- Maren Leuker: Titelfoto, S. 10, 28, 36, 48, 140, 146
- Silke Klewitz-Seemann: S. 143, 144
- Zeichnung Huhn, Buchrücken: siegel konzeption | gestaltung, Stuttgart

# Bezugsquellen

## Fertigställe, Bausätze und Bauanleitungen

- www.huehnerstall-discount.de
- www.kreative-kleintierstaelle.de
- www.zimmerei-freund.de
- www.fuchs-kleintierstallbau.ch
- www.glovital.ch
- www.ilfis.ch
- www.stiegerstaelle.ch
- www.swiss-farmer.ch

## Stalleinrichtung

- www.breker.de
- www.bruja.de
- www.siepmann.net

## Futter und mehr

- www.wachtel-shop.com
- www.eierschachteln.de
- www.defu.de

## Brutapparate und Wärmelampen

- www.breker.de
- www.bruja.de
- www.heka-brutgeraete.de
- www.hemel.de
- www.siepmann.net

## Schlacht-Utensilien

- www.breker.de
- www.bruja.de
- www.dick-messer.de
- www.heka-brutgeraete.de
- www.hemel.de
- www.siepmann.net

# Die Autoren

**Wilhelm Bauer** ist Preisrichter für Geflügel aller Art, erfahrener Autor, freier Journalist und ständiger Mitarbeiter der deutschsprachigen Fachpresse im In- und Ausland.

**Yvonne Bauer** interessiert sich vor allem für artgerechte Haltung, Fütterung und Verhalten des Federviehs. Seit Jahren ist sie in der deutschsprachigen Fachpresse als Bild- und Textautorin vertreten.

# Impressum

Die in diesem Buch enthaltenen Empfehlungen und Angaben sind von den Autoren mit größter Sorgfalt zusammengestellt und geprüft worden. Eine Garantie für die Richtigkeit der Angaben kann aber nicht gegeben werden. Autoren und Verlag übernehmen keine Haftung für Schäden und Unfälle. Bitte setzen Sie bei der Anwendung der in diesem Buch enthaltenen Empfehlungen Ihr persönliches Urteilsvermögen ein.

Der Verlag Eugen Ulmer ist nicht verantwortlich für die Inhalte der im Buch genannten Websites.

**Anmerkung zur Schreibweise (Gendering):** Gendergerechtigkeit und Inklusion sind bei uns gelebte Praxis – bei der Auswahl unserer Themen, bei der Recherchearbeit, in der Gestaltung. Unsere Texte meinen alle. Damit unsere Inhalte jedoch gut lesbar bleiben, verzichten wir in diesem Werk auf die jeweilige Mehrfachnennung oder Anpassung der Schreibweise bestimmter Bezeichnungen an die weibliche, männliche oder diverse Form.

**Bibliografische Information der Deutschen Nationalbibliothek**
Die Deutsche Nationalbibliothek verzeichnet diese Publikation in der Deutschen Nationalbibliografie; detaillierte bibliografische Daten sind im Internet über http://dnb.d-nb.de abrufbar.


Wollgrasweg 41, 70599 Stuttgart (Hohenheim)
E-Mail: info@ulmer.de
Internet: www.ulmer.de
Projektleitung: Antje Munk
Lektorat: Antje Krause
Herstellung: Stephanie Haun
Umschlaggestaltung: siegel konzeption | gestaltung, Stuttgart
Satz: red.sign, Stuttgart
Reproduktion: time:ray, Jettingen
Druck und Bindung: Firmengruppe Appl, aprinta Druck, Wemding
Printed in Germany

**ISBN 978-3-8186-1443-0**

Der Onlineshop für deine Hühner
Hier gibt's:
Hochwertiges Futter: Pellets, Mehl, Ergänzungsfutter
Einstreu, Tränken, Tröge, Entertainment &
Tierwohl-Produkte
HOME
Diabas
Urgesteinsmehl
Hanfeinstreu
mit Eukalyptus
Bierhefe
Legemehl
Bio-Futter
20 kg Bio-Futter
Oreganopellets

# Welche Rasse darf es sein?

In diesem Buch finden Sie die Basics der Zwerghuhn-Haltung: Alles rund um die richtige Rasse für Ihren Garten, den perfekten Stall mit artgerechtem und sicherem Auslauf, die optimale Fütterung, das spannende Verhalten, die Gesunderhaltung sowie die Besonderheiten von Zwerghühnern.

**Zwerghühner in meinem Garten.** Kleine Hühner artgerecht halten. Expertenwissen kompakt. W. Bauer, Y. Bauer. 2022. 128 Seiten, 90 Farbfotos, kart. ISBN 978-3-8186-1173-6

Ob possierliche Federfüßige Zwerghühner, die gemächlich durch den Garten spazieren, Marans, die schokobraune Eier legen, oder behäbige Amrocks – hier werden Sie garantiert fündig! Und keine Sorge: Mit der richtigen Hühnerrasse bleibt Ihre Grasnarbe im Garten erhalten und Sie müssen keine Festung aus Ihrem Garten machen.

**Garten sucht Hühner.** Die besten Rassen für kleine Gärten. A. Krause, W. Bauer. 2018. 128 S., 120 Farbfotos, Klappenbroschur. ISBN 978-3-8186-0341-0

Wachtel-Shop.com®
For you. For your quails.
Hühner-Shop.com
Alles für Ihr Hühnerglück
GROSSE AUSWAHL AN STALLZUBEHÖR!
Hier gibt es das Beste für Ihre Wachteln, Hühner & Co.
HOCHWERTIGE FUTTERZUSÄTZE!
WWW.WACHTEL-SHOP.COM | INFO@WACHTEL-SHOP.COM
WACHTEL_SHOP
WWW. HUEHNER-SHOP.COM | INFO@HUEHNER-SHOP.COM
HUEHNER_SHOP
PFLANZLICHE MILBENABWEHR!
Hochwertige Futtermittel für Hühner, Wachteln, Enten und Gänse!
Naturnahes Wachtelfutter
WACHTEL GOLD®
Naturnahes Hühnerfutter
CHICKEN GOLD®
Naturnahes Entenfutter
DUCK GOLD®
WACHTEL-SHOP.COM®
Senefelderstraße 27 · 74182 Obersulm · Germany
info@wachtel-shop.com · Tel: 07134-9174410
BRUTEIER UND BRUTGERÄTE!

# Hier können Sie weiterlesen

Was Sie über Stalltypen, Baustoffe, Bauablauf, Dachkonstruktionen, technische Installationen, Einrichtung, Ausläufe und Volieren wissen sollten, zeigt Ihnen dieses Buch. Zehn Beispiele, vom Kleinststall über das umgebaute Kinderspielhaus bis hin zur Zuchtanlage, liefern Ideen und Anregungen für die Planung und den Bau Ihres eigenen Hühnerstalls.

**Hühnerställe bauen.** W. Bauer.
3., akt. Auflage 2019. 144 S., 72 Farbfotos,
40 Zeichn., geb. ISBN 978-3-8186-0530-8

Alles, was man über Haltung, Fütterung und Gesunderhaltung von Hühnern wissen muss. Dazu gibt es Einblicke in das Verhaltensrepertoire der Federtiere.

Außerdem erfahren Sie alles über Stallbau, Bauablauf, Inneneinrichtung, Ausläufe und Volieren, dazu zehn Beispiele, vom Kleinststall über das umgebaute Kinderspielhaus bis hin zur Zuchtanlage.

**Hühner in meinem Garten.** Alles über
Haltung und Ställe. B. und L. Peitz, W. Bauer.
2., akt. Auflage 2019. 240 Seiten, 136 Farbfotos,
34 Zeichn., kart. ISBN 978-3-8186-0706-7